PCCP 碳纤维补强加固技术

窦铁生 ◎ 著

U0224382

中国建材工业出版社

图书在版编目（CIP）数据

PCCP碳纤维补强加固技术/窦铁生著．--北京：中国建材工业出版社，2023.7

ISBN 978-7-5160-3212-1

Ⅰ.①P… Ⅱ.①窦… Ⅲ.①碳纤维增强复合材料－应用－预应力混凝土管－钢筋混凝土管－加固 Ⅳ.①TU757.4

中国国家版本馆CIP数据核字（2023）第034239号

PCCP碳纤维补强加固技术

PCCP TANXIANWEI BUQIANG JIAGU JISHU

窦铁生 著

出版发行：中国建材工业出版社

地　　址：北京市海淀区三里河路11号

邮　　编：100831

经　　销：全国各地新华书店

印　　刷：北京天恒嘉业印刷有限公司

开　　本：787mm×1092mm　1/16

印　　张：12.75

字　　数：300千字

版　　次：2023年7月第1版

印　　次：2023年7月第1次

定　　价：88.00元

前 言
PREFACE

地下管道在水资源配置的引调水工程、城市给水排水管线、工业输水管线、农田灌溉、工厂管网、电厂补给水管线等领域广泛应用。应用的管材主要有预应力钢筒混凝土管（PCCP）、球墨铸铁管（DIP）、钢管（SP）、玻璃钢管（FRP）、其他类型的混凝土管以及聚氯乙烯（PVC）管。随着运行时间的推移，多种原因造成各种管材不同程度的老化或者损伤，影响管线的安全运行，运管单位将选择不同的修复技术对管道进行处理，确保管线的安全性、可靠性和耐久性。PCCP是由混凝土管芯、钢筒、预应力钢丝及砂浆保护层构成的具有复合结构的管材，具有强度高、抗渗性强和耐久性好等特点。自1942年首次在美国投入使用以来，广泛应用于长距离有压输水和市政排水等基础工程中。由于结构设计不充分、制造缺陷、安装不规范、环境腐蚀和运行管理不当等原因，导致PCCP发生断丝或者管芯开裂，影响管体的承载能力。为保证管道安全运行、消除其安全隐患，需对PCCP进行补强加固。

目前PCCP受损管加固技术主要有外部法和内部法。外部法主要包括：换管法、体外预应力加固法、加强钢带加固法、外部粘贴碳纤维增强复合材料加固法等。内部法主要包括：径缩钢筒内衬法、钢管内衬法、碳纤维增强复合材料（CFRP）内衬法。以上加固技术中管体外部补强加固需要完全开挖；径缩钢筒内衬法和钢管内衬法需要开挖设定的工作面，属于半开挖技术；CFRP内衬法不需要任何开挖，可以通过人工井或检修口等设施进入待修复的管段。由于PCCP管线时常与公路、铁路、河流交叉穿行，或者管线邻近第三方建筑物，无法开挖或者开挖难度大，当其他方法既不经济也不可行时，应采用碳纤维补强加固技术进行针对性的结构性修复。此外，CFRP的安装可快速完成，因此该方法尤其适用于修复时间非常有限的PCCP管道。

在20世纪90年代末，CFRP首次用于大口径PCCP的补强加固。在21世纪初期，美国将CFRP内衬广泛用于PCCP受损管的修复中。特别是PCCP断丝检测和监测技术的发展，使工程人员能够获得有关受损管的准确信息，这大大提升了碳纤维补强加固技术的应用。

尽管自 1997 年以来已经将 CFRP 用于 PCCP 内部的补强加固，但其使用历史远远短于传统结构材料。2018 年 12 月 1 日美国颁布了 PCCP 碳纤维补强加固技术的标准《CFRP *Renewal and Strengthening of Prestressed Concrete Cylinder Pipe*》（ANSI／AWWA C305-18）。

中国水利水电科学研究院自 2014 年开展 PCCP 碳纤维补强加固技术的研究工作，从原型试验、室内试验、拉拔试验到 CFRP 表面防护材料的研制，历经 5 年艰苦努力，形成一套与我国相关规范和材料相适应的 PCCP 碳纤维补强加固技术。

本书主要内容包括：碳纤维布补强加固 PCCP 结构设计、试验研究、数值模拟、ANSI／AWWA C305-18 荷载组合和 PCCP-ECP（埋置式钢筒管）算例、长期浸水条件下 CFRP 表层防护材料、CFRP 施工工艺和质控标准以及 CFRP 补强加固质量检验和验收标准等。

本书读者对象主要是从事 PCCP 碳纤维补强加固的设计、施工和科研的技术人员。本书也可作为相关专业的本科生和研究生的参考教材。

本书在编写过程中得到李秀琳正高级工程师、李萌正高级工程师、程冰清博士、李洹臣工程师的大力支持和帮助，在此表示谢意。

需要指出的是，就 PCCP 碳纤维补强加固技术和其他成熟的技术比较而言，还有待进一步发展。由于作者水平有限，书中难免存在疏漏，敬希读者批评指正。

本书出版得到了水利部重大科技项目"高盐渍复杂侵蚀环境预应力钢筒混凝土管耐久性研究"的资助。

著　者

2023 年 02 月

目 录
CONTENT

1 概　述

1.1 背　景

预应力钢筒混凝土管（PCCP）是由混凝土管芯、钢筒、预应力钢丝及砂浆保护层构成的复合结构管材（图 1-1），具有强度高、抗渗性强、耐久性好和维护费用低等优点。1942 年 PCCP 首次在美国投入使用，目前广泛应用于美国、墨西哥、加拿大等国家的长距离有压输水和市政排水等基础工程中。世界上规模最大的 PCCP 工程当属利比亚大人工河工程（The Great Manmade River Prject），PCCP 管径 4.0m，工作压力最大为 2.6MPa，一、二期工程管线总长 3584km（图 1-2）。我国北方某大型引水工程 4.0m 内径的 PCCP，工程管线长 56.409km（单线长约 112km），占北京段总干渠全长的 70%（图 1-3）。美国压力管协会公布的资料中提到，现在全美各种压力管材的使用比例为：混凝土压力管 34.1%，球墨铸铁管（DIP）28.2%，普通铸铁管 32.0%，钢管（SP）仅 3.4%，玻璃钢管（FRP）2.2%，尤其是中、大口径长距离、高内压和深覆土的输水工程基本上以 PCCP 为主。PCCP 也是我国三十多年来在引水、调水以及市政工程中广泛采用的管型，安装长度累计达 2.2 万 km（截至 2022 年）。由于 PCCP 输水管线周边环境条件的变化（荷载条件、腐蚀环境和第三方扰动），导致 PCCP 发生断丝、管体纵向开裂以及管线渗漏等问题，这些问题严重影响 PCCP 输水管线的安全运行（图 1-4）。

有多种原因会造成 PCCP 钢丝断开或腐蚀，钢丝腐蚀到一定程度后就会断裂，所在部位管道强度下降，如果腐蚀进一步发展，同一部位将出现更多断丝。随着预应力钢丝断裂数目的增加，PCCP 的预应力减小，从而引起砂浆保护层和混凝土管芯出现裂缝，一旦断丝数目达到临界值，钢筒可能发生屈服破损，并导致整个 PCCP 破坏，甚至发生爆管事故。

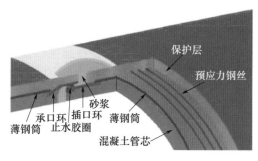

图 1-1　PCCP 的结构

图 1-2　利比亚大人工河工程（采用 PCCP）

1

图1-3 北方某大型引水工程（采用PCCP） 图1-4 国外工程爆管事故

爆管具有突发性、灾难性，事先没有征兆，爆管发生后，并不仅限于管道供水中断，还会引起社会舆论和公众关注，甚至成为不利于社会安定的因素。

利比亚大人工河4.0m内径的PCCP在运行中，已经检测和观测到断丝、保护层砂浆和管芯混凝土开裂甚至会发生爆管事故，并且这种现象还在持续。美国科罗拉多州丹佛市的供水干线、加利福尼亚州文图拉市供水干线、密歇根州马斯基根市压力污水干线等，都因所使用的预应力钢筒混凝土管体破坏而造成了事故，类似问题我国一些PCCP管道工程也有发生。

1.2 PCCP的破坏模式及原因

1.2.1 PCCP的破坏模式

PCCP的破坏可以归纳为沿环向和纵向破坏两大类。

1.2.1.1 环向破坏

环向破坏模式的破坏过程包括初始腐蚀和腐蚀性断丝，或氢脆性引起的断丝，以及砂浆保护层发生开裂和分层。管道腐蚀和断丝都会引起预应力损失，导致混凝土管芯发生开裂，使埋置于管芯混凝土中的钢筒暴露于腐蚀环境中，进而引起钢筒的腐蚀和破裂，最后导致PCCP部分失效或者完全失效。

环向破坏模式的破坏过程中，一旦砂浆保护层的防腐性降低，钢丝就开始发生腐蚀。高强钢丝除了发生腐蚀以外，还会产生氢脆性断裂，与钢丝腐蚀断裂不同的是，钢丝氢脆性断裂没有规律性，沿管道长度和圆周随机发生。需注意的是，埋置式PCCP的管芯开裂使钢筒暴露于腐蚀环境中，内衬式PCCP的钢筒腐蚀会随着钢丝腐蚀而发生，管道发生渗漏之前是否开裂取决于管道的结构设计和运行压力。

1.2.1.2 纵向破坏

纵向破坏模式，通常是由于在管道接头或岔口接头处不能充分抵抗推力、基础不均匀沉降、爆炸或地震引起的地面动态移动造成的。

纵向破坏过程从管道移动开始，然后管道连接处断开或混凝土管芯出现环向开裂，使钢筒暴露于腐蚀的环境中，进而钢筒发生屈服和破裂，最终导致外侧混凝土管芯破坏，这一过程会使得 PCCP 发生渗漏和破裂。纵向破坏模式中钢筒可能会发生腐蚀，也可能不会腐蚀。内部压力和温度荷载引起的环向应变泊松效应（内压和温度荷载使混凝土管芯产生径向膨胀，从而使管道变短）也属于纵向效应，由此引起的破坏模式也属于纵向破坏。

1.2.2 PCCP 破坏原因

PCCP 破坏原因主要和设计、制造、安装、环境和运行这 5 个方面有关。

1.2.2.1 设计缺陷

PCCP 结构的设计不充分，使用的标准要求不符合工程实际状态，如使用高强度的钢丝、砂浆保护层太薄或者钢筒厚度太薄；设计荷载选择不当，如选择不当的设计工作荷载和瞬时荷载，不合理的覆土荷载和活荷载。另外对于环境有防腐蚀要求的 PCCP，保护层设计不恰当也会存在设计上的缺陷。

1.2.2.2 制造缺陷

制造缺陷包括：制造过程中使用不恰当的材料，不恰当焊接等制造过程，对管进行不恰当的标注和不恰当的质量控制。

（1）等级Ⅳ的钢丝：钢丝会由于氢脆性而出现脆断，等级Ⅳ的钢丝比等级Ⅲ的钢丝表现出更敏感的氢脆性。

（2）多孔或比较薄的砂浆保护层：为了使钢丝不受环境腐蚀，保护层要求必须使用密实度高、耐久性好的水泥砂浆。多孔的保护层增加了腐蚀性氯离子的渗透率，从而使钢丝的恶化率提高。

（3）制造缺陷还包括：预应力钢丝缺乏拉力；钢筒表面有凹损；承插口附近的缠丝间距过小，导致保护层分层；对管道等级进行不恰当标注；钢筒接缝或钢筒与连接环之间的焊接缺陷。

1.2.2.3 安装缺陷

过去引起破坏的安装缺陷包括基础和回填的不充分（尤其是岩石地基）；错误的管道安装（如在高压力区安装低等级的管子）；运输时保护层的损坏，处理时保护层的摩擦或压缩、冲击损坏等；限制接头的不恰当安装（如没有完全置于控制夹中或连接处存在焊接缺陷）。

1.2.2.4 环境缺陷

恶劣环境是 PCCP 损伤的最常见原因。在恶劣环境中安装的管道可能需要额外的保护措施。AWWA M9 中规定的恶劣环境包括高腐蚀性土壤（承载力低、含氯量高、含硫酸量高），严重的酸性环境，侵蚀性的 CO_2 或离散电流环境。

1.2.2.5 运行缺陷

管道的不恰当运行会使管体中产生较高应力，从而引起混凝土管芯和砂浆保护层开裂并出现断丝。最常见的运行因素是：除设计荷载以外，管道中产生较大的瞬时压力、土荷载或活荷载。另外，对于有阴极保护的管道，不恰当的阴极保护通常会造成比较高的断丝率，这也是一个比较常见的运行因素。在某些管道中，由于第三方的原因也会造成 PCCP 破坏。

1.2.3 典型工程实例

1.2.3.1 美国德克萨斯州休斯顿 PCCP 管的破坏情况

美国德克萨斯州南部直径 1.524m 的 PCCP 管线主要是将东部净水厂的水输送到休斯顿市的南部和西部，服务区域包括德克萨斯医疗中心，该管线工程对于德克萨斯州非常重要，但是从 2001 年开始，此输水系统出现了灾难性破坏，破坏之前没有任何预兆，使得该管线不能正常运行，造成很大损失。

（1）破坏模式

该工程有沿管体环向和纵向破坏两种模式。检测的范围如图 1-5 所示。

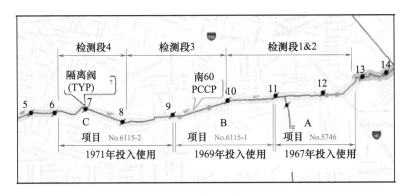

图 1-5　检测的范围

检测发现如下问题：

① 部分管段的连接处灌注砂浆存在问题；

② 初始安装的黏结钉大部分遭受严重腐蚀而丧失连接能力；

③ 部分管段存在环向裂缝和纵向裂缝，甚至分层区域，如图 1-6 所示；

④ 承插口附近的钢筒腐蚀，腐蚀长度沿承插口处大约延伸了 0.3m；

⑤ 电磁检测发现部分管段存在断丝。

图 1-6　可见纵向裂缝

（2）破坏原因

① 制造：1964 年制造标准相对较低，制造技术、工艺落后和不恰当的制造过程是

管道破坏的原因之一。一些管段的连接处没有灌浆就进行安装，不恰当的灌浆材料造成连接处浆料分离，从而使钢筒得不到充分保护而遭受腐蚀。

② 安装：管内的钢制品必须依靠砂浆和灌浆才能得以保护，而外部阴极保护系统不能保护内部连接环免受腐蚀，管道与土壤之间的电势差较大，这对于阴极保护电势差较小的 PCCP 来说更不利。PCCP 敷设基础不坚硬，不能提供足够的管道支撑，以支持管的长期工作。基础沉降导致垂直位移和砂浆保护层的开裂，从而使预应力钢丝遭到腐蚀。

1.2.3.2　美国普罗维登斯供水局（PWSB）的（备用）渠道和输水道的破坏情况

PWSB 的（备用）渠道和输水道是一条大约长 14.5km、直径 2m 和 2.6m 的 PCCP。管道建于 1966—1968 年之间，作为普罗维登斯供水系统的一部分，为普罗维登斯、克兰斯顿、沃里克和其他周边城镇提供饮用水。管材是由国际米兰公司制造的埋置式钢筒管（ECP）。

（1）破坏模式

该 PCCP 管线工程的破坏主要是环向破坏。

由于酸性地下水和酸性土壤对管的侵蚀，造成 PCCP 的腐蚀和预应力钢丝断裂及部分砂浆保护层脱落，直径 2.6m 的管大约有 5% 的断丝，直径 2m 的管子大约有 7.3% 的断丝，与其他类似管道相比，断丝率略大。

（2）破坏原因

PCCP 破坏原因主要与其埋设环境有关。该工程所在区域的地下水和土壤呈酸性，地下水的 pH 值为 5～5.8，土壤的 pH 值为 4.5～8，对砂浆保护层具有腐蚀性。通过挖开部分管段，对 PCCP 进行检查（图 1-7），断丝情况如图 1-8 所示。

图 1-7　钢丝连续性检测

图 1-8　管底的断丝

将 6 根直径 2m 的管道挖出，对其保护层进行检测，结果显示砂浆保护层的厚度在 6.6～29mm 之间变化（根据现行的 AWWA C301 规定，最小保护层厚度为 19mm）。在砂浆保护层较薄处没有发现腐蚀现象。某些 PCCP 保护层是由现浇混凝土制成的，厚度为 43～48mm，现在的 PCCP 不再允许使用现浇混凝土保护层。

对 6 根直径 2m 严重受损的 PCCP 进行详细检测，发现 6 根管都有断丝，单个断丝区扩展到大约 3.7m 长。另外有显著的砂浆分层、钢丝腐蚀和断裂现象，外部混凝土管芯裂缝的宽度大约在 0.5～6.35mm（图 1-9）。在一些位置，由于酸的侵蚀，砂浆保护层比较松软，容易用锤子刮掉，暴露出预应力钢丝（图 1-10）。管芯混凝土出现 1.5mm 宽的裂缝，裂缝两端面呈现台阶状，说明钢筒开始锈蚀膨胀（图 1-11）。在两根管中，选择一根管子，在其外部管芯上移除一块大约 0.005m²，厚 100mm 的混凝土，以对管芯裂缝最宽处的钢筒进行检测，发现钢筒外表面状态良好，几乎没有腐蚀和可见坑点（图 1-12）。

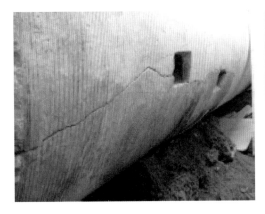

图 1-9　外部管芯的裂缝

图 1-10　松软的砂浆保护层

图 1-11　管芯裂缝呈台阶状

图 1-12　损伤管钢筒的局部

根据 ASTM C642 标准，对砂浆保护层试样进行密度和吸水率试验，根据 AASH-TO T-260 标准测定砂浆保护层的含氯量，根据 ASTM C856 标准进行岩相分析。试验结果显示：直径 2m 的严重损伤管（断丝数目大于 100）的砂浆保护层遭受从轻微到严重的酸性侵蚀，10%～75% 的横截面有恶化的迹象，导致胶凝材料的性能退化，下层骨料颗粒暴露（图 1-13）。保护层砂浆的恶化原因

图 1-13　骨料颗粒暴露的放大图

是土壤和地下水周围的矿物质和有机酸引起的酸性腐蚀。

尽管该工程的保护层使用水灰比较低、质量较好的砂浆混合物，但是许多砂浆保护层样本的吸水率高于 AWWA C301 标准的要求，因此使保护层的渗透性增强，对恶劣环境更敏感。对于断丝区较大的管（断丝总数大于 100），保护层砂浆的吸水率在 10.9%~15.2% 的范围内，平均值为 12.3%（AWWA C301 标准要求：砂浆保护层的平均吸水率不超过 9%，且任何一个样本的吸水率都不能超过 11%）。吸水率增加的原因可能是酸性侵蚀和砂浆胶凝材料的溶解。

1.2.3.3　美国南普莱恩费尔德 PCCP 输水管线的破坏情况

南普莱恩费尔德（South Plainfield）输水管线是 1977 年由国际米兰公司设计建造的直径为 1.52m 的 PCCP，其中采用等级Ⅳ的高强度钢丝，2002 年 10 月发现此管线有渗漏现象。

（1）破坏模式

该工程 PCCP 的破坏模式为环向破坏和纵向破坏。

管段被挖出后发现，管侧砂浆保护层出现一条 2.1m 长的纵向裂缝（图 1-14），在进行内部检测时，同时观察到内部混凝土管芯对应出现一条纵向裂缝。用小锤敲击砂浆保护层，听其声音没有发现任何分层和孔洞现象。

在砂浆保护层纵向裂缝的相应位置开设一个 203mm×330mm 的检测窗口，暴露出 11 根预应力钢丝，其中有 7 处发生脆性断裂，并有两处脆性断裂发生在一根钢丝上，从检测窗口发现暴露的钢丝中只有一根是完好的。管侧发现有一条大约长 610mm 的纵向裂缝，并有腐蚀的碳酸盐斑点；管侧还有一条较小的裂缝，并有离散的碳酸盐斑点（图 1-15）；但此管段上没有发现坑点。

图 1-14　砂浆保护层管侧的纵向裂缝

图 1-15　管芯的纵向裂缝，
白色碳酸盐斑点

（2）破坏原因

① 设计和制造原因

PCCP 制造中使用了具有氢脆敏感性的高强度预应力钢丝（8G，4.12mm 直径，等级Ⅳ），其最小极限抗拉强度超过现行 ASTM 标准规定的强度。"等级Ⅳ"的钢丝在拉丝过程中由于过热引起动态应变老化，从而导致钢丝存在较高的氢脆敏感性而发生氢脆性断裂。

② 安装原因

通过对 518m 管道的渗漏部位进行调查得知，渗漏的根本原因是钢筒的腐蚀，是钢筒内部混凝土被切除进行焊缝时，没有对混凝土进行修补。管子的原始设计要求相邻的 90°弯头使用外部螺栓连接，而在制造时此设计明显改变。另外检测到有 9 根管子内部焊缝处的混凝土也被切除，有 55 处接缝在管安装后没有进行喷浆，有的接缝砂浆部分或全部脱落。

通过开设的检测窗口观察暴露的预应力钢丝会发现，只有在裂缝附近有少量的黑色腐蚀物，这一黑色腐蚀物，很可能是赤铁矿或磁铁矿，是钢暴露于有氧气存在的环境中的腐蚀产物，进一步暴露于大气将被进一步氧化，产生橘黄色腐蚀产物。

1.2.3.4　加拿大萨斯喀彻温省里贾纳污水处理 PCCP 主干线的破坏情况

加拿大萨斯喀彻温省里贾纳污水处理厂的废水传送主管线，建于 1979 年，是内径为 1350mm 的 PCCP。1999 年有大约 75m 长的管段发生破坏，并用高密度聚乙烯塑料管（HDPE）进行了更换。

（1）破坏模式

该工程 PCCP 的破坏模式主要是沿环向破坏。

2008 年对破坏管下游的 200m 管段进行内部检测，发现有 5 根管段的混凝土表面被腐蚀且将骨料暴露（图 1-16），腐蚀主要集中在管顶 11 点钟和 1 点钟方向之间的位置，有些位置的钢筒已被暴露。这 5 根管段之间的连接也有损伤，大量混凝土剥落，暴露的承插口钢环被腐蚀（图 1-17）。另外还有 9 根管段的管顶处有腐蚀的早期迹象（图 1-18）。

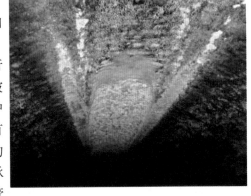

图 1-16　混凝土表面腐蚀

图 1-17　承插口部位腐蚀

图 1-18　腐蚀的早期迹象

（2）PCCP 破坏原因

该工程破坏的主要原因是管内流态设计不合理。

水力学分析显示破坏的管段不是满流，其水力工况是由超临界状态转变为亚临界状态，致使管中水流产生水跃现象。废水的硫化物浓度比较高，水跃处的紊流条件将加速 H_2S 从液相转变为气相而释放。H_2S 气体集中在管顶附近，首先侵蚀混凝土内表面。PCCP 沿管顶的腐蚀主要是 H_2S 或 H_2SO_4 的侵蚀，腐蚀区位于流线之上，并沿下游方向逐渐变大。

1.3　补强加固常用方法

目前，针对 PCCP 补强加固的常用方法主要有换管、径缩钢筒内衬、钢管内衬、加强钢带补强加固、施加体外预应力以及内贴碳纤维等。有些方法需要沿管线在外部开挖，有些工程由于周边环境和空间限制，既不可行也不经济（表 1-1）。

表 1-1　常用的加固方法对比

加固方法		是否开挖	是否需停水	能否修复爆管	适用修复距离	是否存在过流断面损失	是否可作为应急修复	突出优点	主要缺点
换管		整段开挖	是	能	短	否	是	应用范围广，技术难度低	成本高，施工效率低
内部加固	径缩钢筒内衬	开挖少量基坑	是	能	长	小	否	技术成熟	焊接工作量大
	钢管内衬	开挖少量基坑	是	能	长、短	大	是	技术成熟，安装效率高	过流断面损失较大
	内贴碳纤维	不需开挖	是	否	长、短	很小	是	不需开挖，操作灵活	施工工艺要求严格
外加固	体外预应力	整段开挖	否	否	短	否	否	主动补偿预应力损失，无须停水	需要开挖，工程量大

1.3.1　换管法

换管法指的是将损坏或失效的 PCCP 管段进行开挖、移除，用全新管道替换旧断丝管道的加固方法。该方法较适用于时间有限且待修补管段数量众多的紧急情况，施工时需中断供水，排空管内积水（图 1-19）。

目前最常用的替换管材是螺旋焊接钢管。从经济角度考虑，采用换管法的花费通常与新建一条管线相差无几，尤其是在人口众多的城市地区施工难度更大，因此，换管法并不是补强加固方法中的首选。但由于换管法适用于大量管线急需修复、施工时间有限的紧急情况，使用此方法的案例并不在少数，美国达拉斯 Tawakoni 湖的 PCCP 工程，管道直径为 2.3m，该管线于 1974 年完工，在便于开挖、对交通影响较小的区域对断丝管道进行了更换处理。

(a) 切管   (b) 换管

图 1-19   换管法

换管法的技术难度较低，应用范围广，可用于应急修复，且不改变原 PCCP 管道的过流断面。缺陷是施工需要进行大量的土方开挖工作，人力物力耗费较大，尤其是在人口密集的城市区域或有重要建筑物的区域。因此，换管法也不适用于长距离的 PCCP 补强加固。

1.3.2   径缩钢筒内衬

径缩钢筒内衬指的是，开挖、移除管道，将切割好的钢板卷制成钢筒状，并完成承插口的制作。之后将钢筒进行缩颈操作，并插入到经过清洗的待修复 PCCP 管段中，将缩颈钢筒撑开至设计直径，对钢筒的纵向接缝进行焊接，并与上下游钢筒焊接，利用水泥砂浆钢筒与原 PCCP 间的环空区域进行填实，并向钢筒内壁喷涂砂浆内衬，设置阴极保护，关键步骤如图 1-20 所示。

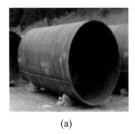 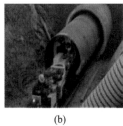 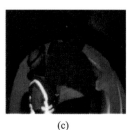 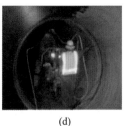

(a)   (b)   (c)   (d)

图 1-20   径缩钢筒内衬法的关键步骤

就结构而言，径缩钢筒内衬法是一种完全独立且长期有效的修复方法，该方法被美国的一些水利机构视作 PCCP 补强加固方法中的一种长期措施。相比于换管法的全部开挖，径缩钢筒内衬法采用的是半开挖技术，20 世纪 80 年代由美国圣地亚哥水务集团开发，适用于长距离 PCCP 管道的补强加固。Michael K. Kenny 依托圣地亚哥输水系统的案例，对径缩钢筒内衬法的设计思路、施工过程等进行了详细介绍。

同样的，这一方法的应用也并不少见，圣地亚哥水务集团、凤凰城均采用过此种补强加固手段对 PCCP 劣化管线进行修复。但值得注意的是，钢筒的纵向接缝及两根管道之间接头处的接缝均需要进行人工焊接，因此，焊接工作量大，操作难度大，导致施工时间长，且需要停止供水，社会影响较大。另外，钢内衬与原 PCCP 管道之间注入了水泥砂浆，钢内衬的内表面喷涂了砂浆内衬，减小了管道的过流断面。

1.3.3 钢管内衬

钢管内衬法与径缩钢筒内衬法的原理相同，将事先准备好的螺旋焊接钢管直接插入到待修复的管段中，钢管采用承插口连接。钢管的连接工作完成后，需要对上下游管道的接头进行焊接，之后向环空区域注入砂浆，并喷涂砂浆内衬，关键步骤如图 1-21 所示。钢管内衬法可以将径缩钢筒内衬中焊接接缝的时间省掉，所需的人力物力也更少，成本更低，效率更高。但由于钢管是整段插入，灵活性差，因此钢管外径要小于径缩钢筒内衬中钢筒的外径，进一步增大了过流断面的损失。该方法同样由圣地亚哥水务集团开发，适用于长距离 PCCP 的结构修复。凤凰城的输水管线中有长度 2529.84m，直径 1524mm 的 PCCP 断丝管采用了钢管内衬法进行补强加固。

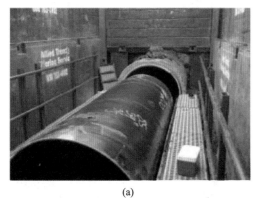 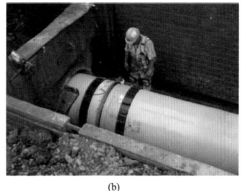

(a)   (b)

图 1-21　钢管内衬法的关键步骤

另外，从制造工艺来看，径缩钢筒内衬法中的可拆卸钢筒除了需要轧制、焊接等传统工艺外，还额外需要经过特殊的制作工艺，生产成本更高。钢管内衬法中的钢管可以直接利用传统机器进行焊接，性价比更高。

1.3.4 加强钢带补强加固技术

根据管道运行的工作压力，计算补强加固钢带厚度，按照结构钢加工制作钢带（图 1-22）。在安装钢带之前，对管体外部保护层砂浆的空隙和缺陷进行修补并找平，以便使钢带紧贴在管体外侧，将连接板焊接在一起，安装完成后，用可流动的低强度混凝土填料回填开挖，以防补强加固的钢带被腐蚀。

(a)钢带   (b)已安装钢带

图 1-22　钢带补强加固技术

1.3.5　体外预应力加固技术

体外预应力加固法常被用在圆形结构的补强加固中，如贮水池、筒仓、管道等。目前施加体外预应力通常采用钢绞线（图 1-23），将预应力钢绞线根据设计需求，按照一定的间距均匀地缠绕于待加固管道外表面，通过张拉、锚固，对管体施加预应力，使管体的承载能力得到提升，进而恢复至原有承载能力，最后用混凝土进行防腐保护。布设间距根据管内水压力的大小确定。预应力可以施加在砂浆保护层表面，也可以将保护层砂浆移除后进行施加，这两者的区别是，在设计时需分别按照多层配置预应力钢丝 PCCP 和单层配置预应力钢丝 PCCP 进行考量。Mehdi S. Zarghamee 对某开裂 PCCP 管道的状态进行了检测和评估，并采用体外预应力后张法加固技术进行补强加固，使管道承载能力达到原设计要求。

图 1-23　钢绞线体外预应力加固效果图

对于体外预应力加固技术而言，其主要优点在于能够主动地补偿由于断丝导致的预应力损失，而不是在管道发生破坏变形后才发挥作用，同时，待加固管道只需减压至自流压力，并不需要停水及排空，这对于单线供水区域是非常必要的，能够在一定程度上降低社会影响，适用于埋深浅、地表无重要建筑物的修复工况。体外预应力法也需要开挖，因此对于长距离 PCCP 的补强加固并不是最经济的选择，但利比亚大人工河西线（SS 线）和东线（TB 线）400km 的双线 PCCP 修复工程中，利用体外预应力加固技术对 1200 根管节进行了补强加固。

1.3.6　内贴碳纤维

由多层碳纤维布和浸渍胶组成的碳纤维增强复合材料（Carbon Fibre Reinforced Polymer，简称 CFRP），具有质量轻、强度大、抗腐蚀能力强、力学性能优良等优点。内贴碳纤维法是通过浸渍胶将碳纤维布粘贴于待加固管道的管芯混凝土内壁，形成 CFRP 与管芯混凝土联合承载，提高 PCCP 承载能力，是目前常用的 PCCP 内部加固方法。在对管道内壁进行清理后，利用环氧树脂使管壁表面光滑，之后按照需求粘贴相应强度及层数的碳纤维布。CFRP 粘贴工作完成后，需要在 CFRP 表面涂刷 YEC 防护层，施工过程如图 1-24 所示。

图 1-24　内贴碳纤维示意图

Houssam Toutanji 等人通过理论推导，对玻璃纤维增强复合材料（GFRP）、芳纶纤维增强复合材料（AFRP）、碳纤维增强复合材料（CFRP）对管体承载能力的提升作用进行了对比分析，结果表明，在提高管道极限内部压力能力方面，碳纤维复合材料比玻璃或芳纶纤维增强复合材料的性能更好。窦铁生等针对 PCCP 结构变形规律进行了试验研究，并采用 BOTDA 和 FBG 光纤传感技术对不同内水压条件下的内贴 CFRP 加固 PCCP 效果开展原型试验，研究预应力钢筒混凝土管各层结构的受载响应规律，为预应力钢筒混凝土管的基础理论研究和工程应用提供支撑。Yongjei Lee 等人采用理论分析与有限元模拟相结合的手段，验证了 FRP 对于管体承载能力的提升作用。与此同时，还指出了 FRP 层厚和安装角度也是影响修复效率的重要因素，应当根据管道的具体参数进行设计，确定了控制设计的荷载和极限状态。M. S. Zarghamee 等人基于 CFRP 内衬的设计、施工等一系列经验，提出了一种确定管道上荷载的非线性有限元分析方法，并给出了使用 CFRP 内衬加固或修补 PCCP 和其他混凝土压力管道的一般框架。

对于内贴碳纤维加固 PCCP 管段而言，该方法的最大优势在于它是一种非开挖方法，对地面建筑物、交通造成的影响最小，且不使用重型机械，可以在短时间内完工，更加灵活便捷，尤其适用于长距离的不连续 PCCP 断丝管节的修复。美国圣地亚哥水务集团于 2003 年 12 月完成了首次 CFRP 修补。此后，该集团又完成了 10 个项目，共覆盖 19 个总管段，并将 CFRP 补强加固技术作为管理关键大直径管道的一个重要选项。

但内贴碳纤维法也存在一定的局限性，由于施工工艺复杂且要求非常严格，需经验丰富的技术人员根据管线的所有作用荷载，对 CFRP 结构型式进行专门设计，并由经过培训的专业施工队伍施工。

2 PCCP 的设计荷载和设计方法

2.1 PCCP 设计荷载

我国 PCCP 输水管道技术于 1989 年从美国引进，同时也引进了 PCCP 管道的设计标准《预应力钢筒混凝土压力管设计标准》（ANSI/AWWA C304）和产品制造标准《预应力钢筒混凝土管》（ANSI/AWWA C301）。在水利行业标准《预应力钢筒混凝土管道技术规范》（SL 702—2015）发布之前，国内大部分 PCCP 设计采用美国 ANSI/AWWA C304 规范，制造采用国家标准《预应力钢筒混凝土管》（GB/T 19685—2017）；有的工程 PCCP 设计采用《给水排水工程埋地预应力混凝土管和预应力钢筒混凝土管管道结构设计规程》（CECS 140）。

美国 PCCP 行业在 20 世纪 80 年代初遭受过一次严重的挫折，这段时间发生的事故是其他制造时间的三倍多，原因是 Interpace 公司在 20 世纪 70 年代使用了不符合标准要求的钢丝和砂浆保护层，导致大量 Interpace 公司生产的 PCCP 过早破坏，直接导致 Interpace 公司破产。为此美国供水工程协会（AWWA）、成员和用户一起对 ANSI/AWWA C301、ANSI/AWWA C304 标准和 M9 标准做过多次修改。从北美 13 家水务公司反馈的信息来看，规范修改后，事故率从 1988 年开始下降，AWWA 标准的提升，降低了事故率。

ANSI/AWWA C301、ANSI/AWWA C304 等标准基于美国国内的原材料质量水平、试验方法、设计理念、生产水平等所制定，并引用了众多的美国相关标准。因此基于我国国情考虑，要做到完全采用 AWWA 标准是根本不可能的，往往造成不同工程具有不同质量标准、同一工程不同人员对有关问题的理解不能完全统一，其结果是管道制造质量水平参差不齐，可能造成工程隐患。SL 702—2015 规范结构计算部分参考 ANSI/AWWA C304 中的设计理念，同时充分考虑国内的实际情况，规范中的材料参数、荷载分类以及活荷载计算等均采用国内的相关标准。

SL 702—2015 采用极限状态设计准则，保证管体在承受工作荷载、附加瞬时荷载及内压时的耐久性，还可以保证管体在可能发生可见裂缝的特殊情况下管壁预压应力和强度安全余量。

极限状态设计法主要考虑的是管壁单位圆环内由内压、外荷载、管重和管内水重引起的极限轴力和极限弯矩。该方法明确规定管体在承受工作荷载和内压及工作荷载附加瞬时荷载及内压时所受的内力不得超出极限状态设计准则。

SL 702—2015 规定管道结构上的荷载（作用），包括管道结构自重 G_{lk}、管道内水重 G_{wk}、管顶垂直土压力 F_{sk}、工作压力 P_w、车辆荷载 q 或施工荷载 W_t、现场试验压力

P_{ft} 和水锤压力 ΔH_r 等。

SL 702—2015 对每种极限状态设计了若干个不同的荷载组合，分别模拟管道工厂试压、管道埋地运行及管道埋地试压等三种状况。PCCPE（嵌置式）和 PCCPL（内衬式）因结构不同，荷载组合有所差异，PCCPE 设计 14 种，PCCPL 设计 13 种，荷载组合系数从 1.0 到 2.0 不等。管道结构计算工况及荷载（作用）组合系数应按表 2-1 确定。

表 2-1 PCCPE、PCCPL 管道结构计算工况及荷载（作用）组合系数表

作用效应组合工况		计算内容	永久荷载			可变荷载			
			管道结构自重 G_{lk}	管道内水重 G_{wk}	管顶垂直土压力 F_{sk}	工作压力 P_w	水锤压力 ΔH_r	现场试验压力 P_{ft}	车辆荷载 q 或施工荷载 W_t
基本荷载组合	W1	正常运行	1.0	1.0	1.0	1.0	—	—	—
	W2	充水	1.0	1.0	1.0	—	—	—	—
	FW1	充水	1.0	1.0	1.25	—	—	—	—
特殊荷载组合	WT1	正常运行＋水锤	1.0	1.0	1.0	1.0	1.0	—	—
	WT2	正常运行＋车辆荷载	1.0	1.0	1.0	1.0	—	—	1.0
	FWT2	正常运行＋车辆荷载	1.1 (1.2)	1.1 (1.2)	1.1 (1.2)	1.1 (1.2)	—	—	1.1 (1.2)
	FWT4	正常运行＋车辆荷载	1.3 (1.4)	1.3 (1.4)	1.3 (1.4)	1.3 (1.4)	—	—	1.3 (1.4)
	FWT5	正常运行＋车辆荷载	1.6	1.6	1.6	—	—	—	2.0
	WT3	充水＋车辆荷载	1.0	1.0	1.0	—	—	—	1.0
	FWT1	特殊运行工况（水锤）	1.1 (1.2)	1.1 (1.2)	1.1 (1.2)	1.1 (1.2)	1.1 (1.2)	—	—
	FWT3	特殊运行工况（水锤）	1.3 (1.4)	1.3 (1.4)	1.3 (1.4)	1.3 (1.4)	1.3 (1.4)	—	—
	FWT6	特殊运行工况（水锤）	—	—	—	1.6	2.0	—	—
	FT1	水压试验	1.1	1.1	1.1	—	—	1.1	—
	FT2	水压试验	1.21 (1.32)	1.21 (1.32)	1.21 (1.32)	—	—	1.21 (1.32)	—

注 1. 荷载组合时，车辆荷载 q 与施工荷载 W_t 不叠加，取其中的较大值；

  2. 括弧内的值为 PCCPL 管道结构采用值；

  3. FW1 组合仅用于 PCCPE 计算。

符号意义：

   P_{ft} ——现场试验压力，kPa；

P_w——工作内压＝max（P_g，P_s），kPa；

W_t——瞬时荷载，N/m；

W1，W2——设计工作荷载和内压组合；

FW1——设计工作荷载组合；

FWT1～FWT6——工作荷载加瞬时荷载及内压组合设计条件；

FT1，FT2——工作荷载和现场试验压力组合设计条件。

2.2　PCCP 设计方法

根据 SL 702—2015 设计规范的理念，PCCP 设计必须遵守三个设计准则：工作极限状态设计准则、弹性极限状态设计准则和强度极限状态设计准则。

2.2.1　工作极限状态设计准则

在管道正常使用条件下，确保混凝土管芯和砂浆保护层不出现微裂缝和可见裂缝。有五个控制条件：

（1）混凝土管芯表面的拉应变在工况 W1 时为 $\varepsilon'_w = 1.5\varepsilon'_t$，在工况 FT1、WT1 及 WT2 为 $\varepsilon'_k = 11\varepsilon'_t$。

此应变极限由管芯裂缝控制，控制混凝土管芯表面的最大拉应变。此项控制避免管芯内表面在 W1 工况下产生微裂缝或在 FT1、WT1、WT2 工况下出现可见裂缝。此应变分析基于混凝土和砂浆的受压受拉应力与应变线性关系，以及管侧弯矩和轴力的共同作用。在内压很大的情况下，管底或管顶的保护层应变仍在软化范围内。此分析方法基于假设预应力钢丝和钢筒都是线弹性行为，受拉混凝土和砂浆出现微裂缝后仍会继续承受部分拉力。

在工况 FT1、工况 WT1 及工况 WT2 情况下，外层管芯混凝土的极限应变和内层混凝土的极限应变同为 $11\varepsilon'_t$。因为外层砂浆的极限拉应变总是比外层管芯混凝土的应变大，在工作荷载加偶然荷载时，外层混凝土极限应变并不会影响管道的正常使用。

（2）工况 FW1 和工况 WT3 时，内层混凝土与钢筒之间径向拉应力的最大计算值应为 0.082MPa。

此项是控制内层混凝土与钢筒之间的径向拉力，在外荷载下，PCCPE 发生弯曲和产生径向拉力，使内层混凝土和钢筒脱离，导致管底或管顶和钢筒之间出现早期裂缝。通过三轴承压试验，在径向拉应力极限情况下，管芯会出现第一条可见裂缝。为防止这种情况发生，在管道处于工况 FW1 和工况 WT3 时，内层混凝土和钢筒界面的径向拉应力最大值不应超过 0.082MPa，在只有工况 W2 和工况 FW1 时，管道的外荷载最大径向拉应力取初裂时保护层砂浆的极限拉应变的 80%。

随着内压增加，管芯内层和钢筒之间的径向拉应力减少。因此，管道在不受内压的情况下，径向拉应力的极限状态并不会影响管道设计。

（3）砂浆保护层的拉应变在工况 W1 为 $\varepsilon'_{wm} = 0.8\varepsilon'_{km}$，在工况 FT1、WT1 及

WT2 为 $\epsilon'km=8\epsilon'tm$。

此项由保护层裂缝控制。在特殊荷载组合条件下，砂浆保护层极限应变会使管体出现微裂缝。但此微裂缝并不会影响砂浆保护层的性能，仍然能保护钢丝不被腐蚀。在工况 W1 条件下，外层砂浆保护层的极限应变为初裂时保护层砂浆应变极限值的 80%，外层混凝土管芯的极限应变会导致微裂缝的出现。

（4）混凝土管芯内表面最大压力在工况 W2 为 $0.55f_c'$，工况 WT3 为 $0.65f_c'$。

此项控制混凝土管芯内表面最大压应力，避免管芯混凝土承受过大的塑性压应变。塑性变形是微裂缝产生的结果，还有可能导致塑性压缩模量降低，会影响预应力的大小。所以管芯内表面的最大压应力在工况 W2 条件下不得超过 $0.55f_c'$，工况 WT3 条件下不得超过 $0.65f_c'$。

（5）最大内水压力：

PCCPE：

工况 W1：P_0，工况 WT1：min（$1.4P_0$，P_k'）

PCCPL：

工况 W1：$0.8P_0$，工况 WT1：min（$1.2P_0$，P_k'）

其中，P_k'——最大极限压力。

P_0 单独作用时，该压力产生以下应变，（1）保护层 $0.5\epsilon'km$ 的微应变；或（2）PCCPE 管芯混凝土产生 $0.41\sqrt{f_c'}$ MPa 的轴向拉应力，该轴向拉应力值最小。P_k' 利用净截面未开裂状态计算。

2.2.2 弹性极限状态设计准则

管道在荷载作用下将要开裂时，确保其具备足够的弹性避免管道损坏或预应力损失。有两个控制条件：

（1）管体在 FWT1、FWT2、FT2 工况下，安全系数仍为 PCCPE 取 1.1，PCCPL 取 1.2。部分管壁必须考虑由预应力、内压、管自重、流体自重和外荷载产生的轴力和负弯矩。当弯矩或内压增大时，预应力钢丝的拉力也会增大，但钢丝弹性极限应力不应超过钢丝总缠绕应力 f_{sg}，管侧最大压应力不超过 $0.75f_c'$。极限应力下钢丝应力与应变并不是线性关系。因此，当钢丝受拉应力大大超过 f_{sg} 时，钢丝的非线性应力与应变关系会导致保护层开裂。在过大应力下，钢丝会发生永久变形和预应力损失。管芯在过大的压力下，会发生塑性变形、弹性模量降低以及预应力损失。

（2）管体 WT1、WT2、FT1 工况下，PCCPE 的钢筒最大拉应力应大于钢筒的最小拉伸屈服强度 f_{yy}，可以防止钢筒发生永久变形；在 WT3（零压力）工况下，钢筒的拉应力也不得超过钢筒的预压应力，防止钢筒与外部管芯混凝土分离，只适用于 PCCPE。尽管内压会增加钢筒的拉应力，但内压力也会在钢筒与外层混凝土产生压力。

在组合荷载作用下，钢筒承受较大的压应力，主要是由预应力的弹性作用和管芯的徐变压缩作用引起的。在缺少内水压力作用下，随着弯矩的增加，钢筒预压应力会减小，直到钢筒不受应力作用，在钢筒内任何多余的弯矩都能产生拉力。在管芯内层产生裂缝时，钢筒的拉力就可能使钢筒形状变为扁平状，且容易与外层管芯发生脱离。当管道在足够大的内水压力情况下，内层管芯和钢筒接触界面处的径向压力能够防止两者之间脱离。

2.2.3 强度极限状态设计准则

管道在荷载作用下达到最大承载能力时，防止混凝土管芯发生爆裂以及钢丝发生屈服断裂，有三个控制条件：

（1）在工况 FWT3、FWT4 时，预应力钢丝最大拉应力不得超过钢丝屈服强度 f_{sy}。建议安全系数 β_2 为 PCCPE 取 1.3。钢丝屈服时，随着荷载减小，砂浆保护层的裂缝可能不会闭合，从而使钢丝遭到腐蚀。此外，钢丝达到屈服强度产生的应变偏移能导致很大的预应力损失，影响管道的耐久性。

（2）在工况 FWT5 时，管侧的最大组合弯矩和轴力应不超过管芯混凝土极限抗压强度，避免管芯混凝土发生破坏。

（3）在工况 FWT6 时，预应力钢丝应力保持在规定的最小抗拉强度值以内。

2.2.4 极限状态检验准则

埋置式钢筒管（ECP）的极限状态检验标准见表 2-2。

表 2-2 埋置式钢筒管（ECP）的极限状态检验准则

极限状态	极限准则	荷载组合	目的
工作极限状态设计准则	$P \leqslant P_0$ 压力极值：$P \leqslant \min(P_k', 1.4P_0)$	W1 WT1	避免管芯混凝土产生拉应力 避免保护层砂浆开裂
	内层管芯极限拉应变：$\varepsilon_{ci} \leqslant 1.5\varepsilon'_t$ 内层管芯对钢筒径向极限拉力：$\sigma_r \leqslant 0.082\text{MPa}$	W1 FW1	避免管芯混凝土出现微裂缝
	内层管芯极限拉应变：$\varepsilon_{ci} \leqslant \varepsilon'_k = 11\varepsilon'_t$ 内层管芯对钢筒径向极限拉力：$\sigma_r \leqslant 0.082\text{MPa}$	WT1, WT2, FT1 WT3	避免管芯混凝土出现可见裂缝
	外侧管芯极限拉应变：$\varepsilon_{co} \leqslant 1.5\varepsilon'_t$ 外侧保护层极限拉应变：$\varepsilon_{mo} \leqslant 0.8\varepsilon'_{km} = 6.4\varepsilon'_{tm}$	W1	避免管芯混凝土出现微裂缝 控制保护层砂浆产生微裂缝
	外侧管芯极限拉应变：$\varepsilon_{co} \leqslant \varepsilon'_k = 11\varepsilon'_t$ 外侧保护层极限拉应变：$\varepsilon_{mo} \leqslant \varepsilon'_{km} = 8\varepsilon'_{tm}$	WT1, WT2, FT1	避免保护层砂浆出现可见裂缝
	内层管芯混凝土极限压应力：$f_{ci} \leqslant 0.55f_c'$ 内层管芯混凝土极限压应力：$f_{ci} \leqslant 0.65f_c'$	W2 WT3	控制管芯混凝土抗压强度
弹性极限状态设计准则	钢筒应力达屈服强度：$-f_{yr} + n'f_{cr} + \Delta f_y \leqslant f_{yy}$ 钢筒抗裂：$f_{yr} + n'f_{cr} + \Delta f_y \leqslant 0$	WT1, WT2, FT1 WT3	避免钢筒应力超过极限
	钢丝极限应力 f_{sg}：$-f_{sr} + nf_{cr} + \Delta f_s \leqslant f_{sg}$ 管芯混凝土抗压极限：$f_{ci} \leqslant 0.75f_c'$	FWT1, FWT2, FT2	避免钢丝中的应力超过弹性极限 f_{sg} 保持混凝土抗压强度低于 $0.75f_c'$
强度极限状态设计准则	钢丝极限应力 f_{sy}：$-f_{sr} + nf_{cr} + \Delta f_s \leqslant f_{sy}$	FWT3, FWT4	避免钢丝屈服
	极限弯矩：$M \leqslant M_{ult}$	FWT5	避免管芯混凝土开裂
	$P \leqslant P_b$	FWT6	避免管体破坏

3 碳纤维修复技术进展

3.1 碳纤维材料

20 世纪 50 年代，自从日本学者开发出聚丙烯腈（PAN）基碳纤维发展到现在，碳纤维类型按照原材料主要分为聚丙烯腈基碳纤维、沥青基碳纤维以及粘胶基碳纤维。其中，以聚丙烯腈（PAN）基为基体的复合材料力学性能优良，应用领域广泛，产量约占全球所有碳纤维总产量的 90％以上。

碳纤维具备出色的力学性能和化学稳定性，是目前已大量生产的高性能纤维中具有最高比强度和最高比模量的纤维，具有质轻、高强度、高模量、导电、导热、耐腐蚀、耐疲劳、耐高温、线胀系数小等一系列优良性能。

碳纤维的分类方法较多，可以根据原料进行分类，也可以根据工艺路线或者产品规格进行分类。按照产品规格进行分类便于使用时选择相应类型，根据每束碳纤维中单丝根数，碳纤维可以被分为小丝束（1k～12k）碳纤维和大丝束（24k～480k）碳纤维。早期小丝束碳纤维以 1k、3k、6k 为主，逐渐发展出 12k 和 24k。小丝束碳纤维工艺控制要求严格，生产成本较高，一般用于航天军工等高科技领域，以及体育用品中产品附加值较高的产品类别，主要下游产品包括飞机、导弹、火箭、卫星和钓鱼竿、高尔夫球杆、网球拍等。大丝束产品性能相对较低且制备成本亦较低，因此往往运用于基础工业领域。

碳纤维是世界各国发展高新技术、国防尖端技术和改造传统产业的物质基础和技术先导，是我国战略性新兴产业中最主要的发展方向之一，同时具有明显的军民两用特征，对国民经济发展和国防现代化建设具有非常重要的基础性、关键性和决定性作用。所以，西方国家对我国碳纤维，尤其是小丝束碳纤维产业，实施严格的技术封锁和产品禁运。

从 2020 年下半年开始，日本、美国加强了对我国碳纤维出口管控，导致我国碳纤维进口难度进一步加大。2020 年 12 月，因东丽子公司出口碳纤维流入了未获日本《外汇及外国贸易法》许可的中国企业，日本经产省对该公司实施了行政指导警告，要求东丽子公司防止再次发生此类事件，并彻底做好出口管理。从 2020 年底开始，东丽暂停了对华出口碳纤维业务。2021 年 2 月，美国领导人签署了行政命令，在联邦机构间展开为期 100 天的审查，以解决四个关键产品供应链中的漏洞，其中包括碳纤维，主要目标是增强供应链的弹性，以保护美国免于未来面临关键产品短缺。

在高校、科研院所和碳纤维制造企业科技人员的不懈努力下，我国高性能纤维制备科学技术与应用技术取得了重大突破，转变了完全依赖进口、无法制备出合格的 T300

级碳纤维的极为窘迫尴尬状况。目前已经建立起 CCFM-550（M55J级）、CCF-4（T800级）、CCF-3（T700级）、CCF-1（T300级）的聚丙烯腈碳纤维制备技术研发（吨级试验线）、工程化（百吨级中试线）和规模产业化（千吨级生产线）较为完整的产业体系，产品质量不断提高，规范标准初具系统、规模应用格局初步形成，不但解决了国产高性能碳纤维"有无"问题，有效缓解和基本满足了国防建设对结构材料用国产高性能碳纤维极为迫切的需求，而且迫使某些国家不得不大幅度降低碳纤维价格来与我国企业进行竞争。

3.2　碳纤维增强复合材料（CFRP）

纤维增强复合材料（Fiber Reinforced Polymer，简称 FRP）主要有玻璃纤维增强复合材料（GFRP）、碳纤维增强复合材料（CFRP）、芳纶纤维增强复合材料（AFRP）。三者中碳纤维复合材料的强度和弹性模量最高，伸长率三者中最小（图 3-1）。从性能上讲，碳纤维为导体，玻璃纤维和芳纶纤维为绝缘体，浸渍胶也为绝缘体，GFRP 和 AFRP 适合在有绝缘要求的结构加固。

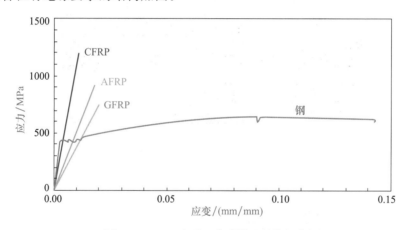

图 3-1　CFRP 高强、高弹模、低伸长率

碳纤维增强复合材料，主要由高性能纤维和基体两部分组成（图 3-2）。碳纤维布由碳纤维丝通过纺织机器编织而成（图 3-3），碳纤维的直径在 $5\mu m$ 至 $10\mu m$ 之间，而碳纤维布按规格可分为 1k，3k，6k，12k，24k 等，k 就是碳丝根数。一般制成单向布（图 3-4）。厚度有 0.111mm 和 0.167mm，单位面积的质量为 $200g/m^2$ 和 $300g/m^2$。浸渍树脂是纤维的基质，浸渍树脂充分浸渍纤维结合成结构单元。纤维和基体在复合材料中起着不同的作用。纤维与基体相比较，具有高得多的强度和弹性模量，它起着增强作用，承受主要荷载；基体主要起着传递纤维间的剪力和防止纤维屈曲的作用，提高弯曲和压缩强度，增加层间剪切和冲击强度。

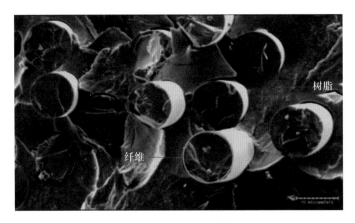

图 3-2　CFRP 微观结构

图 3-3　碳纤维编织

图 3-4　碳纤维布

3.3　CFRP 加固混凝土技术原理

碳纤维结构加固技术是指采用高性能黏结技术将碳纤维布粘贴在建筑结构构件表面，使两者共同工作，提高结构构件的承载能力（抗弯、抗剪）。

（1）碳纤维用于钢筋混凝土受弯构件的抗弯加固

钢筋混凝土受弯构件的抗弯加固，是通过将碳纤维布粘贴于构件受拉区，代替或补充钢筋的受拉性能，从而提高构件的抗弯承载力。粘贴碳纤维后，在构件受拉区混凝土开裂前，碳纤维的应变很小；在混凝土开裂后，碳纤维布逐渐参与共同工作，应变增长加快；而在钢筋屈服后，碳纤维布充分发挥作用，应变增长迅速加快，其高强高效的性能得以充分体现。

（2）碳纤维用于钢筋混凝土构件的抗剪加固

钢筋混凝土的抗剪加固，是将碳纤维粘贴于构件的受剪区，这里碳纤维的作用类似于箍筋。在构件屈服前，碳纤维的应变发展缓慢，所达到的最大应变值也较小；在构件屈服后，箍筋的作用逐渐被碳纤维代替，碳纤维的应变发展加快，应变值要高于箍筋的应变值，而箍筋所起的约束作用减小，其应变发展缓慢。

（3）碳纤维用于钢筋混凝土柱的抗震加固

应用碳纤维对混凝土柱进行抗震加固，是通过用碳纤维布横向包裹钢筋混凝土柱来提高其延性而实现的。碳纤维的主要作用是对其内部混凝土起到了约束作用，这种约束是一种被动约束，随着混凝土柱轴向压力的增大，横向膨胀促使外包碳纤维布产生环向伸长，从而提高侧向约束力。约束机制取决于两个因素：混凝土的横向膨胀性能和外包碳纤维布的环向约束能力。碳纤维布约束混凝土表现出两阶段受力过程：第一阶段，混凝土处于类似素混凝土的线弹性阶段，横向变形小，故碳纤维横向变形也很小，分界点在素混凝土峰值应力附近；第二阶段，构件达到极限承载力后，混凝土横向膨胀变形急剧增加，碳纤维环向应变显著增长，环向约束力增加，混凝土极限压应变得以提高，因而推迟了受压区混凝土的压碎，充分发挥了纵向钢筋的塑性变形性能，显著改善了构件的延性。

用于建筑结构加固的碳纤维材料具有优良的力学性能，其抗拉强度约为普通钢材的10倍；但是，碳纤维材料织成碳纤维布后，其中的各碳纤维丝很难完全共同工作，在承受较低的荷载时，一部分应力水平较高的碳纤维丝首先达到其抗拉强度并退出工作状态，以此类推，各碳纤维丝逐渐断裂，直至整体破坏。而使用黏结剂后，各碳纤维丝能很好地共同工作，大大提高碳纤维布的抗拉强度，故碳纤维加固首先必须使碳纤维布中的碳纤维丝能共同工作，因此黏结剂对碳纤维布的加固起着关键的作用，它既要确保各碳纤维丝共同工作，同时又确保碳纤维布与结构共同工作，从而达到补强、加固的目的。

3.4　FRP 加固混凝土结构破坏形式

根据之前学者的各种面内剪切试验现象，FRP-混凝土界面的受剪剥离破坏按照破坏发生的位置，主要分为 5 种剥离破坏形式（图 3-5）：

1）分层剥离发生于 FRP 内部；

2）剥离发生于胶层内部；

3）剥离发生于 FRP 与胶层之间的界面；

4）剥离发生于胶层与混凝土之间的界面；

5）紧挨界面的混凝土发生开裂。

在一般的加固工程中，前 4 种破坏形式在 FRP 加固混凝土结构中并不常见。在材料和施工满足要求的情况下，FRP-混凝土界面剥离破坏一般是呈现第 5 种形式，紧挨界面的混凝土发生开裂，并"黏"在界面上发生剥离破坏。

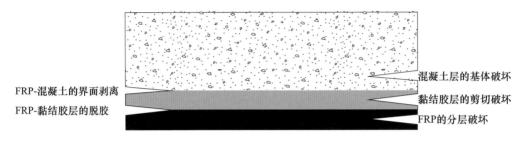

图 3-5　FRP-混凝土界面的受剪剥离破坏形式

3.5　PCCP 碳纤维补强加固

在 20 世纪 80 年代，碳纤维增强复合材料（CFRP）广泛应用于工业民用建筑、桥梁、水工建筑物等设施的补强加固。在 20 世纪 90 年代末，美国首次采用 CFRP 内衬用于混凝土管的修补，现在许多市政和引水调水工程中的管道采用 CFRP 进行补强加固，这种加固方法可以避免开挖，还可以最大限度地缩短停水时间，并能在主管道持续恶化的情况下，能够承受所有设计荷载进行长期独立的修补。

PCCP 碳纤维补强加固经历了一个不断演变的发展过程，这种加固方法许多方面都发生了变化，比如材料选择、设计、表面处理、安装细节、质量控制和质量保证程序以及测试要求的变化。Zarghamee 和 Engindeniz 将 CFRP 内衬法加固管道 15 年左右的发展历史分为三个阶段：早期实践（20 世纪早期至 21 世纪初期），初步开发（2000—2010 年），后期开发（2011 年以后）。（1）在早期实践阶段，有部分工程开始使用 CFRP 内衬法加固大直径管道，但是 CFRP 内衬的设计尚未成熟，只是基于少量的设计参数和假定的安全系数（即允许应力设计）进行的，该设计没有考虑荷载和材料阻力的变化、也没有考虑材料的耐久性和蠕变断裂、水密性和现场安装期间的质量保证和质量控制等要求。（2）在初步开发阶段，研究开发人员收集了早期实践的安装经验，并开始对这一加固技术进行更为详细的研究。一个重要的发展是认识到在 PCCP 管节端部的水密性需要更好的处理，使得内水压力不容易进入 CFPR 内衬后面。另一个重要的发展是随着 CFRP 内衬法加固管道变得越来越普遍，以及修复更高级别受损管道的需求增长，CFRP 内衬开始被设计为独立系统，即使主管道继续退化，也可以在不依赖主管道贡献的情况下承受所有设计荷载。（3）后期开发阶段，在 2011 年美国 AWWA 标准委员会批准制定 CFRP 补强加固 PCCP 的标准，2018 年颁布了《PCCP 碳纤维修复和补强加固》（AWWA C305-18）。AWWA C305 标准通过规范 CFRP 的材料、设计和安装来确保预应力钢筒混凝土管（PCCP）的修复和加固质量。按照 AWWA C305-18 标准修复和补强加固后的 PCCP，即使在 PCCP 管体持续劣化的情况下，仍有足够的强度、耐久性、可靠性、大于 50 年的寿命和防水性。

4 碳纤维补强加固 PCCP 结构设计

4.1 国内外 CFRP 加固混凝土结构规范和标准

1991 年，美国混凝土协会（ACI）440 委员会开展了 FRP 加固混凝土结构的研究。目前美国 ACI、日本 JSCE、加拿大 ISIS Canada、英国 Concrete Society、欧洲 FIB 和中国相关机构都已经制定了 FRP 加固混凝土结构的标准或规范，见表 4-1。

表 4-1 FRP 加固混凝土结构的标准或规范

国家	规范/指南发布单位	规范名称
美国	ACI	"Guide for the design and construction of externally bonded FRP systems for strengthening concrete structures"（ACI440.2R-02）
日本	JSCE	"Recommendations for upgrading of concrete structures with use of continuous fiber sheets"
加拿大	ISIS Canada	"Strengthening reinforced concrete structures with externally-bonded fiber reinforced polymers"
英国	Concrete Society	"Design guidance for strengthening concrete structures using fiber composite materials"
欧洲	FIB	"Externally bonded FRP reinforcement for RC structures"
中国	住房城乡建设部	《混凝土结构加固设计规范》（GB 50367—2013）
	中国工程建设标准化协会	《碳纤维增强复合材料加固混凝土结构技术规程》（T/CECS 146—2022）
	住房城乡建设部	《结构加固修复用碳纤维片材》（JG/T 167—2016）
		《纤维片材加固修复结构用粘接树脂》（JG/T 166—2016）

美国供水工程协会（AWWA）小组委员会制定了利用碳纤维增强塑料对 PCCP 管道修复的标准《PCCP 碳纤维修复和补强加固》（AWWA C305-18），包括设计、材料、安装和质量控制等内容。

典型的碳纤维增强塑料衬砌系统由底涂、增厚环氧树脂、环氧树脂、增强纤维和表面涂层组成。对于 PCCP 管道的修复来讲，使用期间为减少对环境的危害，环氧树脂采用 100％固体、无挥发性有机物质（VOC）。应用于管道的环氧树脂的底漆层由低黏度的环氧树脂组成，这种树脂会渗透到混凝土基质，为 CFRP 系统的增厚环氧树脂提供黏结，填满夹层和后续夹层。增厚环氧系统是一个特殊配方的高黏度环氧系统或制造商提供的由饱和环氧树脂和硅灰混合在一起的推荐程序。增厚环氧树脂填料用于补平混凝土基底、填补孔隙，也用在碳纤维增强塑料层之间，以确保 CFRP 系统中所有 CFRP 衬砌位置的紧密结合。

碳纤维增强塑料的表面涂层通常是由增厚环氧树脂制成的，这些树脂中可能会添加一种颜料，以便快速识别出管道修复段，也有可能并没有额外添加颜料。在硫化氢浓度高或有腐蚀性的环境中，可以采用一些化学物质以及耐化学作用性能好的表面涂层。若碳纤维增强塑料系统被用于露天管道的外侧，表层涂料的抗紫外线性能应较好。

增强纤维的种类多种多样，但对于管道内部修复来讲，最好是利用单向碳纤维布进行结构加固。为了能够承受所有作用于管线的载荷，通常会将单向碳纤维布布置于管道的内部，为了达到必要的强度，碳纤维布的布置方向是沿纵向或圆周方向的。碳纤维有导电性能，因此，为了避免靠近碳纤维的钢筋或者钢配件发生电化学腐蚀，在 CFRP 系统中通常采用玻璃纤维布料将钢基底隔离开。

与传统的混凝土和钢材等建筑材料不同，对于 CFRP 组成的内衬系统，选择性能合适、耐久性好的碳纤维材料是关键。在露天环境中，市场上不同碳纤维材料具有不同的短期和长期的特性，业主、设计和材料供应商有必要进行相关的测试，以证明材料具有必要的可靠性和耐用性。在设计中会用到荷载参数和材料的性能指标，对于由碳纤维布浸渍粘接形成的 CFRP 的力学性能，应以试验样本充分大为基础，利用一些长期和短期的测试方法测得。如果使用了不合适的 CFRP 材料，可能会导致 CFRP 管道使用寿命的大幅减少。

国际标准委员会（ICC）为 CFRP 材料制定了一套耐久性和结构性能的最低限度的标准，为了得到 ICC 的批准和有效的 ICC 报告，必须符合这一标准。ICC 的验收标准 AC125 和 AC178 设立了适合进行结构修复的 CFRP 系统的耐久性、结构性能和监测的可接受的最低标准。为了获得一份有效的 ICC 报告，试验需将材料暴露于不同腐蚀性环境中，包括不同温度、盐度、酸碱性和干热的水中，经过 1000h、3000h、10000h 的暴露，材料性能的留存量需要保持在最小百分比。为了确保 CFRP 的耐久性和力学性能符合 ICC 的标准，要求施工单位提供一份有效的 ICC 报告。

针对选定的 CFRP 材料，按照 ICC AC125 标准要求，需要开展大量的暴露时间超过 10000 小时的耐久性测试。例如，美国最近的一项研究指出，南加州城市水利部门开展了一项历时 8 年（70000 小时）的耐久性测试。在这项研究中，PCCP 管道的衬砌使用的是碳纤维增强塑料，在施工完成后，研究者对该碳纤维增强塑料进行了大约八年的监测。视觉和声音检查显示，管道并没有出现分层、气泡、裂缝，或者边缘翘起的损伤形式。一位参与过 CFRP 首次衬砌安装过程的检查员指出，碳纤维增强塑料的性能与安装初期相差无几。除了对那些处于工作状态的碳纤维增强塑料进行检查，对那些从同一 CFRP 系统中取得的、在自来水环境中暴露了八年之后的样品也进行了拉伸试验。持续浸泡于自来水的时间超过八年后，通过对管道抗拉强度、拉伸模量和断裂应变的分析，试验结果显示 CFRP 系统的结构性能出现了极小的改变。该耐久性研究的结果显示，作为管道修复的长期措施，CFRP 衬砌系统具有巨大的潜力。

在国内，目前尚无针对 CFRP 材料耐久性和性能的标准，仅有针对碳纤维片材和浸渍树脂性能的规范，住房城乡建设部颁布的《纤维片材加固修复结构用粘接树脂》

（JG/T 166—2016）和《结构加固修复用碳纤维片材》（JG/T 167—2016），中国工程建设标准化协会《碳纤维增强复合材料加固混凝土结构技术规程》（T/CECS 146：2022），这些规范对碳纤维片材和浸渍树脂性能有相关要求，对于在不同环境条件下 CFRP 的耐久性和力学性能没有明确规定。

因为 PCCP 结构的受力特点和运行条件与土木工程、水电工程和市政工程中的建筑物相差很大，中国水利水电科学研究院窦铁生团队针对 PCCP 碳纤维补强加固技术进行了大量的原型试验研究。研究团队结合碳纤维增强复合材料（CFRP）的特点，通过大规模的原型试验、室内试验和数值模拟，开发了预应力钢筒混凝土管碳纤维补强加固技术。确定了碳纤维布、浸渍树脂和 CFRP 的力学性能指标，研究了环向和纵向碳纤维布的粘贴型式和补强加固效果。针对不同碳纤维层数、布设型式和荷载组合，分别进行了内荷载和外荷载原型试验；同时对 CFRP 样本进行了室内试验，掌握了 CFRP 的力学性能指标。在原型试验中，国内外首次对 PCCP 破坏过程中砂浆保护层、预应力钢丝、钢筒、管芯混凝土和 CFRP 进行实时动态测试，全方位反映了 PCCP 原管和 CFRP 补强加固管的力学特性，掌握了 CFRP 力学性态的变化，获取了丰富和极其宝贵的试验资料。对补强加固前后的 PCCP 破坏全过程进行了数值模拟，并将原型试验与数值模拟结果进行了比较，掌握了 CFRP 加固后的 PCCP 受力状况、承载机理以及破坏过程。确定了各材料的本构关系、层间关系、计算方法和力学参数，验证了研究方法的正确性，建立了 CFRP 加固 PCCP 的设计原则，使得加固后的 PCCP 在寿命期内安全性、可靠性和耐久性得到了保证。进行了 CFRP 防护材料的研制工作，基于试验提出了适合于长期浸水条件下的 CFRP 表层 YEC 防护材料性能和主要技术指标。根据 PCCP 内部温度低、湿度大的环境条件，通过现场试验，建立一套完整的施工工艺和质控标准。

4.2　CFRP 的力学特性

早期碳纤维补强加固 PCCP 为了使内芯保持完整，并确保 PCCP 在经历内部和外部设计荷载作用后仍保持其形态，必须限制管体应变。因此，所需碳纤维层的总数取决于为设计所考虑的应变范围。推荐的上限是钢筒的屈服强度（即弹性极限，钢衬中不允许塑性变形）。较低的推荐极限是钢筒屈服点的 75％。对于 227.6MPa 的钢（屈服），应变为 $1000\mu\varepsilon$，典型的 CFRP 极限强度为 827.6MPa，模量为 69GPa，极限应变是 $10000\mu\varepsilon$，或大于钢屈服强度的 10 倍。显然，使 CFRP 应变达到其极限水平会对管体有害（即主管道应变必须达到与系统碳纤维应变适宜性的相同水平）。

混凝土行业认可的混凝土受拉最大容许应变为 $1000\mu\varepsilon$，在压缩状态时，为 $3000\mu\varepsilon$（ACI-318，平衡条件。对于裂缝控制，允许较高的应变）。ACI 的建议是使用 CFRP 补强加固 PCCP。所选的应变范围应说明以下：

（1）保持混凝土管芯的完整性，以支持外部荷载。

（2）最经济的 CFRP 设计，以解决内部荷载。

（3）相对于其极限强度可靠的复合材料安全系数，以确保其长期强度。

当选择钢屈服点作为保证管体完整性的极限条件时，CFRP 的应变为 $1000\mu\varepsilon$，并且钢筒不得超过其弹性极限。尽管ACI可以允许较大裂缝，但不建议允许钢筒进入其塑性范围。在钢屈服点，CFRP中相应的应力为82.8MPa，或小于CFRP极限承载力的10倍。这为CFRP提供了可靠的安全系数，并确保了其使用寿命。

应变范围还应确保管体为埋置式PCCP钢筒提供腐蚀保护，能够使主管承插口接头保持完整性，同时确保CFRP和混凝土基底之间的有效黏结，并有助于保持CFRP修复后的承插口部位的水密性。

4.3　CFRP加固PCCP的结构型式

4.3.1　环向碳纤维的作用

衬砌的环向设计要考虑的是，重力荷载与内部压力综合影响，这些作用力由管道和流体的重量以及土壤荷载引起，会使管道及主管道的状态持续恶化、性能持续降低（图4-1）。对于应力不良或性能退化的PCCP，CFRP衬砌可以与内部混凝土管芯一起设计成一个复合系统，也可以设计成一个不依赖于主管道承受设计荷载的独立系统。

（1）应力良好、无退化的管道。无退化管道的碳纤维增强塑料衬砌，由于荷载的增加需要加强（如：压力、土壤荷载、动态荷载），设计时必须考虑碳纤维增强塑料与整个管道壁厚的综合作用。

图4-1　环向碳纤维

（2）性能退化的管道。性能退化的管道一般都会存在断丝，有时也会存在圆形的内芯，也可能存在一些可以修复的细小开裂。

（3）性能严重退化的管道。性能严重退化的PCCP管一般会存在断丝，混凝土管芯上存在数量较多的宽裂缝，会出现明显的变形和呈椭圆或带有波状不完整度的不均匀内表面。

性能退化的PCCP的CFRP修复的目标是，被修复管道在使用期间，在承受长期荷载和短期荷载时有更优的强度、耐久性和可靠性。碳纤维增强塑料系统必须拥有足够的可靠性，从而使得由不同荷载和阻力导致的被修复管道失效的可能性与使用更传统的结构性修复材料或更换管道的失效概率相同。

4.3.2　纵向碳纤维的作用

铺设纵向碳纤维布以提高管体抗弯能力（图4-2），避免断丝区向外鼓胀时将CFRP拉裂（图4-3），可以抵抗泊松效应、温度、管道轴向推力等影响。

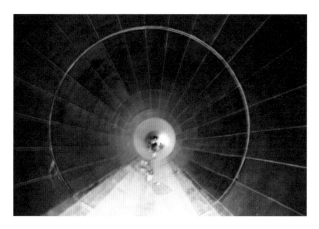

图 4-2 纵向碳纤维

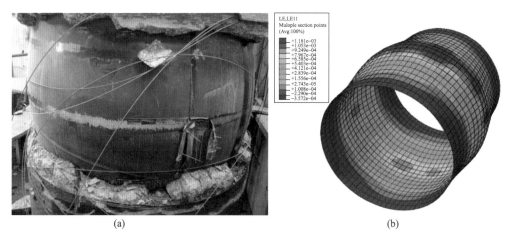

(a)   (b)

图 4-3 断丝区的鼓胀现象

4.3.3 结构型式

m 层纵向 CFRP、n 层环向 CFRP 加 YEC 防护涂层组成联合受力体（图 4-4）。

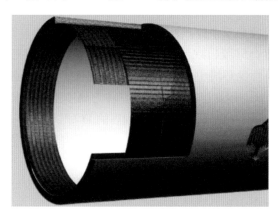

图 4-4 结构型式

m 层纵向 CFRP 主要承载体并限制环向裂缝；n 层环向 CFRP 限制纵向裂缝；YEC 防护涂层保护 CFRP。

4.4　CFRP 补强加固 PCCP

根据 PCCP 管体的损伤程度，把管体修复方式分为两种状态：（1）虽有断丝但混凝土管芯、承插口钢件和防渗钢筒状态良好管道，这种管道按照 PCCP＋CFRP 形成联合承载结构；（2）有断丝管芯混凝土又有纵向裂缝，随着管体状态的进一步恶化，承插口钢件和防渗钢筒会受到外部环境的腐蚀，对于这种管道 CFRP 内衬作为独立结构。补强加固后的 PCCP 管道如图 4-5 所示。

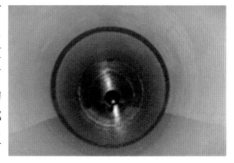

图 4-5　补强加固后的 PCCP 管道

4.4.1　设计目标

CFRP 加固 PCCP 的设计目标是加固或者修复后的管道，在原有恶劣环境影响不改变的条件下，在所有的长期荷载和短期荷载组合作用时，在使用寿命期间内具有能够长期抵抗设计荷载的强度、耐久性和可靠性，确保 PCCP 管线达到安全平稳运行的条件。

（1）强度：CFRP 内衬应具有足够的强度，以抵抗内衬结构因破裂或屈曲而产生的破坏。

（2）耐久性：CFRP 内衬和 PCCP 原管道均会随着时间的推移而继续劣化，因此，内衬结构应具有足够的耐久性，包括水密性，以防止内衬结构在使用寿命期间发生破坏。

（3）可靠性：CFRP 内衬结构应具有足够的可靠度，以尽量避免加固后荷载变化导致的加固管道失效风险。同时，CFRP 内衬设计通过选择合适的时间影响系数，保证加固后管道的使用寿命。

4.4.2　设计方法

当 PCCP 出现一定数量的断丝或部分预应力损失情况时，我们采用 CFRP 内衬法进行加固后的 PCCP 所处的荷载条件和外部环境一般不会发生明显改变，仍然可能暴露在腐蚀性环境中，那么将会继续出现断丝、预应力钢丝松弛、管芯外侧混凝土开裂等情况，导致钢筒暴露在腐蚀性环境中，从而引起钢筒腐蚀和穿孔。随着管芯外侧混凝土的开裂，管体承载能力降低，刚度也逐渐减小，管体与周围土体共同抵抗外部荷载。因此，对于 PCCP 损伤管道，我们考虑采用 CFRP 加固后的 PCCP 受损管存在以下三种状态。

（1）复合结构：CFRP 内衬和 ECP 管芯内侧混凝土或 LCP 混凝土组合成复合结构，以一半刚体一半可变形管抵抗内水压力和外部荷载。

（2）独立结构：CFRP 内衬与管芯内侧混凝土表面脱离，CFRP 内衬结构作为一个独立的柔性管抵抗内水压力和外部荷载。

（3）CFRP 失效：CFRP 内衬发生撕裂或者承插口部位管芯内侧混凝土开裂，管内水渗到 CFRP 结构背面，造成 CFRP 结构内外水压失衡而失效。PCCP 管体继续承受内水压和外荷载，随着时间推移，管体结构最终发生破坏。

基于可靠性理论，CFRP 内衬是按照荷载和抗力系数设计（Load and Resistance Factor Design，简称 LRFD）方法进行设计，则 CFRP 内衬强度应满足：

$$R_u \leqslant \phi \lambda R_n \tag{4-1}$$

式中 R_u——设计荷载组合计算出的材料强度，MPa；

ϕ——安全系数，建议取值可参考表 4-2；

λ——时间影响系数，考虑持续荷载的影响，50 年使用寿命建议取 0.6，5 年使用寿命建议取 0.8；

R_n——材料强度的标准值，MPa。

表 4-2 材料强度安全系数

强度	安全系数
CFRP 轴向抗拉和抗压强度	0.75
CFRP 弯曲强度	0.75
CFRP 屈曲强度	0.55
CFRP 与管芯内侧混凝土之间的径向拉伸强度	0.50
CFRP 与管芯内侧混凝土之间的剪切黏结强度	0.60
混凝土抗压强度	0.65
内压在断丝区周围引起的纵向弯曲强度	0.75
管端部 CFRP 从钢基材表面上的剪切剥离强度	0.75

CFRP 修复 PCCP 设计流程如图 4-6 所示。

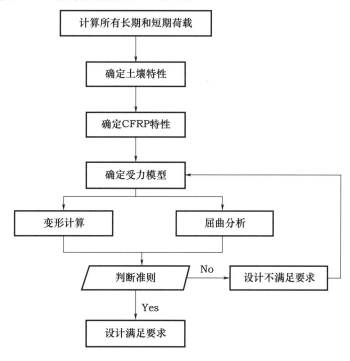

图 4-6 CFRP 加固 PCCP 设计流程

4.5 管道荷载

CFRP 加固 PCCP 设计前应详细调查原有管道的基本状况、破坏状态、管道沿线周围的工程地质、水文地质环境等，并获得管道检测与安全评估资料。管道选择何种设计方式，需要根据管道检测与安全评估资料决定。按照管道破坏程度和加固需求，讨论非结构性加固、结构性加固与半结构性加固三种结构型式，CFRP 加固 PCCP 设计考虑的因素如表 4-3 所示。另外，严重变形管道的几何形态已发生明显变化，这意味着管周土体的密实度发生显著改变，处于不稳定状态，需要进行管周土体的原位密实后再进行加固处理。因此，本文不涉及严重变形 PCCP 的 CFRP 内衬设计。

表 4-3 CFRP 加固 PCCP 设计需考虑的因素

设计方式	管道破坏程度	管道特性	设计考虑的因素
非结构性加固	未损伤	管道完整，基本无破损，但是原有管道设计荷载不能满足新的荷载要求，CFRP 内衬加固的目的是提高管道承载能力	CFRP 内衬与原有管道组成复合结构承担新的设计荷载
半结构性加固	管道变形小于6%，管芯混凝土可能出现少量裂缝但钢筒未发生严重腐蚀	原有管道发生部分破坏，如局部断丝或可修复的微裂缝，但仍有一定承载能力，CFRP 内衬加固的目的是恢复管道原有承载能力	CFRP 内衬与管芯（内侧）混凝土组成复合结构承担新的设计荷载；考虑 CFRP 内衬独立承担内水压力、外部地下水压力与真空压力；土荷载与活荷载等外部荷载主要由外部土壤刚度抵抗
结构性加固	管道变形大于或等于6%，管芯混凝土严重开裂且钢筒发生严重腐蚀甚至穿孔	原有管道结构严重破坏，几乎没有承载能力，CFRP 内衬加固的目的是重建管道承载能力	CFRP 内衬独立承担设计荷载，包括内水压力、外部地下水压力与真空压力等荷载作用；土荷载与活荷载等外部荷载主要由外部土壤刚度抵抗

根据 PCCP 的实际运行条件，CFRP 加固 PCCP 需要考虑内水压力、管周围土荷载、活荷载、管体自重、流体重量、地下水压力和真空压力等综合影响。

4.5.1 长期荷载

4.5.1.1 外部土荷载

（1）管道新建时土荷载

新建埋地管道设计分为两种类型：刚性管和柔性管，管道与周围土壤介质之间存在一个相对刚度的概念，相对刚度会影响周围土荷载的大小与分布规律，刚性/柔性管与土相互作用示意图如图 4-7 所示。因此需要定量判断管道为刚性管还是柔性管，判别式如下：

$$\lambda = \left(\frac{E}{E_0}\right)\left(\frac{\delta}{r_0}\right)^3 \tag{4-2}$$

式中　E——管材弹性模量，MPa；

　　　E_0——回填土的变形模量，MPa；

　　　δ——管壁厚度，m；

　　　r_0——管道平均半径，m。

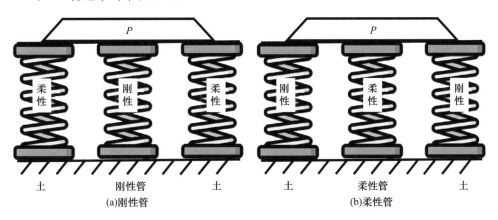

图 4-7　刚性/柔性管-土相互作用示意图

若 $\lambda<1$，则为柔性管；若 $\lambda>1$，则为刚性管。管-土的相对刚度是相对的，一般情况下，刚性管主要包括各种混凝土管，柔性管主要包括钢管、球墨铸铁管、玻璃钢管、HDPE 管和其他塑料管等。

国内外学者对埋地管道的土荷载作用力学性能已有很多研究，新建 PCCP 设计考虑为埋地刚性管，埋在地下土体中，会受到周围土壤对它的变形约束限制。对于刚性管道，比较具有代表性的是美国衣阿华州立大学的 Marston，他在 1913 年就开创性地提出了 Marston 公式，用来计算埋管土荷载。Spangler 是 Marston 的一个学生，Marston 和 Spangler 测量发现，柔性管上测得荷载比刚性管小得多。他们认为，当柔性管埋在土壤下时，柔性管发生变形，管道两侧的土体会提供被动土支撑力，环向变形缓解了大部分的管顶竖向土压力，柔性管和周围土壤作为一个系统来抵抗荷载，由此组成的柔性管-土体系统很稳固。1941 年，Spangler 在 Marston 理论基础上提出了著名的 Spangler 公式，即衣阿华公式，用于计算柔性管的水平位移。

对于新建管道，除 Marston 和 Spangler 模型以外，常用土荷载模型还包括静止模型、Paris 模型、Terzaghi 模型、Olander 模型、克莱恩模型、Heger 模型、弹塑性模型，见表 4-4。

表 4-4　常用土荷载模型对比

分类	模型	计算范围	理论依据
不限	静止模型	管道四周	土体固结
	弹塑性模型		弹塑性分析

分类	模型	计算范围	理论依据
埋管/刚性管道	Paris 模型	管道四周	经验公式
	Olander 模型		试验分析
	Heger 模型		有限元分析
	克莱恩模型	管底反力	弹性地基梁
	Marston 模型	管顶和管侧	极限平衡
柔性管道	Spangler 模型	管道四周	半经验公式
非开挖施工	Terzaghi 模型	管顶和管侧	极限平衡

对于新建 PCCP，土荷载计算包括管顶竖向土压力、管侧侧向水平土压力和管基支撑反力分析。

a）管顶竖向土压力

根据《预应力钢筒混凝土管道技术规范》（SL 702—2015），新建 PCCP 是刚性管，其管顶竖向垂直土荷载计算基于 Marston 土荷载计算理论。Marston 根据管道不同的埋设方式将管道分类，包括通过开挖沟槽铺设的沟埋管与直接在原地基或浅坑中铺设的上埋管，沟埋管和上埋管的土荷载计算公式不同，详情参考《预应力钢筒混凝土管道技术规范》（SL 702—2015）附录 A。

b）侧向水平土压力

管侧土体对向外变形的管体具有约束作用，帮助管体减小垂直土荷载作用的管体水平向变形。管道刚度会影响管体向外变形大小，因此也会影响侧向土荷载的大小。在一般情况下，管体刚度越大，管体向外变形会越小，则侧向水平土压力也会越小，刚性管的管侧水平土压力可不考虑在管道设计中。《预应力钢筒混凝土管道技术规范》（SL 702—2015）与《预应力钢筒混凝土压力管设计标准》（AWWA C304-2011）的 PCCP 管设计计算中，未考虑管侧水平土压力的作用。

c）管基支撑反力

管基支撑反力会直接影响管道截面变形和应力分布，可以通过假设管道上的荷载组合满足静力平衡条件进行计算，但是支撑反力具体的应力分布情况是分析的一大难点。管基一般包括砂土、塑性黏土等土质的弧形基础和混凝土等土质的刚性基础，如图 4-8 所示。弧形基础和刚性基础的管基支撑反力计算方法如下。

a）弧形管基

根据 Winkler 基础假设，弧形接触面上任一点的管基支撑反力表达式如式（4-3）：

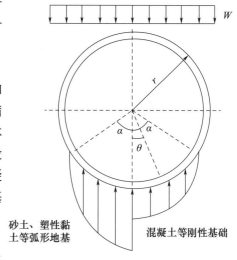

图 4-8　管基支撑反力示意图

$$W_\theta = k_\theta \Delta_\theta \tag{4-3}$$

式中　W_θ——管基土体的支撑反力，N/mm；

　　　k_θ——管基土体的弹性模量，N/mm²；

　　　Δ_θ——该点的径向位移，mm。

根据变形协调要求，管基弧形基础上管底圆弧处某点的支撑反力表达式如式（4-4）：

$$W_\theta = \frac{3W\,(\cos\theta - \cos\alpha)\,\cos\theta}{r\,(3\sin\alpha + \sin^3\alpha - 3\alpha\cos\alpha)} \tag{4-4}$$

式中　W——管顶垂直土荷载的合力，N；

　　　r——管道外半径，mm；

　　　α——管基包角的 1/2，°；

　　　θ——此点与轴线的夹角，°。

一般情况下，可通过经验假定法简化计算，假设管基支撑反力的分布规律符合简单的余弦函数规律，则任意点的管基支撑反力表达式如式（4-5）：

$$W_\theta = W_x \cos n\theta \tag{4-5}$$

式中　n——管基常数，由管基角取值决定。

b）刚性管基

刚性管基上的管基支撑反力假设切向位移分量为 0，管底任意点管基支撑反力的表达式为：

$$W_\theta = \frac{2W\cos\theta}{r\,(\sin2\alpha + 2\alpha)} \tag{4-6}$$

（2）管道使用中土荷载

由于土体的固结沉降，管体上作用的土荷载会有所增大，其中管体管顶处竖向土荷载会增至原有荷载的 1.2～1.45 倍，管底处土荷载大约会增至原有荷载的 1.5 倍。这部分土荷载增量一般会考虑在新建管道设计土荷载中，如通过在荷载组合中取大于 1 的土荷载系数，因此可以不再单独考虑长期荷载的变化。

（3）管道破坏后土荷载

PCCP 损伤管破坏后，管体刚性减小，变形增大。同时，管体管顶竖向土压力减小，管侧水平土荷载增大。在外部荷载作用下，PCCP 刚度减小后的性能类似于柔性管道，其性能主要受到周围填土的刚度影响。研究表明，失去预应力的 PCCP 损伤管破坏之后会在管顶、管底和两侧起拱线处产生四条纵向裂缝，管芯开裂后管体的受力变形响应接近于柔性管道，其承担的土荷载大小由周围土体刚度决定。

a）管顶竖向土压力

PCCP 损伤破坏后，竖向管径减小，实际竖向土压力作用为 PCCP 破坏前的竖向土压力与主动土拱效应共同作用。因此，实际的竖向垂直土荷载应等于原有的土荷载基础上乘以小于 1 的土拱系数，但这个土拱系数在实际工程中难以确定。当实测数据难以获取的情况下，建议取值为 1，因此，PCCP 破坏后的管顶竖向土压力为：

$$W_e = 1 \cdot \gamma H = \gamma H \tag{4-7}$$

式中　γ——土体单位重量标准值，kN/m³；

　　　H——管道埋深，m。

b）侧向水平土压力

PCCP 管侧水平土压力包括两部分，其中一部分是静止土荷载；另一部分是被动土荷载。

i）静止土荷载

管侧周围土体由于长时间的固结作用产生侧向土荷载，这部分侧向土荷载可视为静止土压力：

$$W_{h1} = K_0 \gamma (H+D) \tag{4-8}$$

式中　K_0——固结系数，由内摩擦角计算；

D——管道外径，m。

ii）被动土荷载

PCCP 破坏后变形近似为柔性管变形，在土荷载作用下变形会产生侧向土荷载阻止其进一步变形。根据 Spangler 柔性管模型，管侧这部分被动土荷载呈抛物线分布。因此，被动土荷载为：

$$W_{h2} = E' (\Delta x/D) \tag{4-9}$$

式中　E'——土壤反作用模数；

Δx——管道水平位移，m。

（4）管基支撑反力

PCCP 损伤破坏后，竖向管径减小，管底相对于破坏之前有曲率减小的趋势，这使得管底荷载分布更为均匀。因此，可将管底土荷载看作均布荷载。破坏之后的管基支撑角度比破坏之前会略微增大，但实际难以测量，因此仍采用设计管基支撑角度，认为管基支撑反力作用宽度不变。因此，管基支撑反力为：

$$W_e = \gamma H (D/L_b) \tag{4-10}$$

式中　L_b——管基支撑反力作用宽度，根据设计管基支撑角度确定，m。

综上，PCCP 破坏后的土荷载模型如图 4-9 所示。

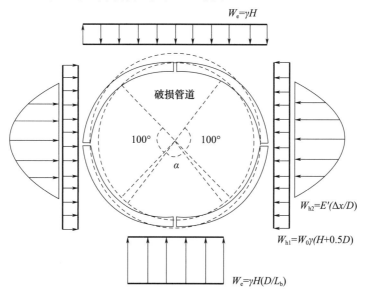

图 4-9　PCCP 破坏后的土荷载分布图

4.5.1.2　管外地下水压力

管外地下水压力应基于现场地下水最大可能高度来确定，分布示意图如图 4-10 所示。若可靠的现场数据不足，地下水的高度应与设计的覆土深度相等，管外地下水压力 P_{gw} 计算公式如下：

$$P_{gw}=\gamma_w H_w \tag{4-11}$$

式中　γ_w——管道中流体单位重量标准值，当管道中流体为水时，取 $10kN/m^3$；

$\quad\quad$　H_w——管顶至地下水位的高度，m。

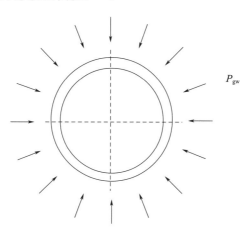

图 4-10　管外地下水压力分布示意图

4.5.1.3　流体自重

PCCP 通常情况下是有压管道，流体自重按照流体充满整个管道计算，若有其他工况要求时可采取管道内实际的水位状态计算。满管时流体的自重 W_f 计算公式如下：

$$W_f=\frac{\pi}{4}D_i^2\gamma_f \tag{4-12}$$

式中　D_i——管道内径，m；

$\quad\quad$　γ_f——管道中流体单位重量标准值，kN/m^3，当管道中流体为水时，取 $10kN/m^3$。

4.5.1.4　管体自重

PCCP 管道结构包括砂浆保护层、管芯混凝土、钢筒、预应力钢丝，CFRP 加固后，由于 CFRP 材质轻，重量可忽略不计，管体自重 W_p 计算公式如下：

$$W_p=A_m\gamma_m+A_c\gamma_c+A_y\gamma_y+\pi A_s(\gamma_s-\gamma_m)(2h_c+D_i+d_s) \tag{4-13}$$

式中　A_m、A_c、A_y——计算截面上砂浆保护层、管芯混凝土（不含钢筒）、钢筒的截面积，m^2；

$\quad\quad$　A_s——计算截面上预应力钢丝总面积，m^2；

$\quad\quad$　γ_m——砂浆单位重量标准值，按照 SL 702—2015，取值为 $23.50kN/m^3$；

$\quad\quad$　γ_c——管芯混凝土单位重量标准值，按照 SL 702—2015，取值为 $24.00kN/m^3$；

$\quad\quad$　γ_y——钢筒单位重量标准值，按照 SL 702—2015，取值为 $78.50kN/m^3$；

$\quad\quad$　γ_s——钢筒单位重量标准值，按照 SL 702—2015，取值为 $78.50kN/m^3$；

h_c——管芯混凝土厚度，m；

d_s——预应力钢丝直径，m。

4.5.1.5 内水压力

PCCP 是带压运行的压力输水管道，管道正常运行过程中管内部会承受内水压力，内水压分布示意图如图 4-11 所示。工作内水压力 P_w：

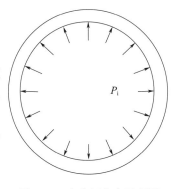

$$P_w = \max(P_g, P_s) \tag{4-14}$$

式中 P_g——由水力梯度产生的内水压力，MPa；

P_s——由静水压力产生的内水压力，MPa。

图 4-11 内水压分布示意图

4.5.2 短期荷载

4.5.2.1 活荷载

PCCP 上的活荷载包括地面车辆荷载、地面堆载和雪荷载等，一般考虑以地面车辆荷载 W_t 为主，按照《预应力钢筒混凝土管道技术规范》（SL 702—2015）中附录 B 中的地面车辆荷载计算方法计算。

4.5.2.2 水锤压力

当没有计算水锤时，PCCP 管内的水锤压力 P_t 应按下式计算：

$$P_t = \max(0.4P_w, 0.276\text{MPa}) \tag{4-15}$$

式中 P_w——内水压力，MPa。

4.5.2.3 内部真空压力

真空压力 P_v 是指管道在绝对真空情况下出现的瞬时负压，这种极端情况在正常的管道运行中应尽量避免。

4.5.3 荷载组合

不管 PCCP 是否运行，管道回填完成后，土荷载和管体自重为永久荷载。一旦管道开始运行，流体自重和内水压力也会一直存在。因此，流体自重和内水压力将出现在管道正常运行时的所有荷载组合中。另外，瞬时内压不与其他短期荷载相组合。基于管道为空管和管道正常运行状态，CFRP 内衬设计主要考虑以下六种荷载组合（1）到（6），见表 4-5。

表 4-5 CFRP 加固 PCCP 结构计算工况及荷载组合系数

荷载类型	荷载名称	空管工况		正常运行工况		特殊工况	
		（1）长期荷载组合	（2）长期荷载+活荷载组合	（3）长期荷载组合	（4）长期荷载+活荷载组合	（5）长期荷载+瞬时压力组合	（6）长期荷载+地下水压力组合
长期荷载	竖向垂直土荷载 W_e	1.4	1.2	1.4	1.2	1.2	1.2
	管体自重 W_p	1.4	1.2	1.4	1.2	1.2	1.2
	流体自重 W_f	—	—	1.0	1.0	1.0	—
	工作压力 P_w	—	—	1.4	1.2	1.2	—

荷载类型	荷载名称	空管工况		正常运行工况		特殊工况	
		(1)长期荷载组合	(2)长期荷载+活荷载组合	(3)长期荷载组合	(4)长期荷载+活荷载组合	(5)长期荷载+瞬时压力组合	(6)长期荷载+地下水压力组合
短期荷载	瞬时压力 P_t	—	—	—	—	1.2	—
	活荷载 W_t	—	1.6	—	1.6	—	—
	管外地下水压力 P_{gw}	—	—	—	—	—	1.2

荷载组合（1）和（3）中"长期荷载"之和的荷载系数是 1.4。当结合其他荷载组合中的"短期"荷载时，这个荷载系数减少到 1.2。由于 W_w 在本质上是确定的，所以其荷载系数设定为 1.0。活荷载 W_t 是结合正常运行管道的荷载，活荷载系数设定为 1.6。设计时应明确任何可能的荷载作用，且设计时应考虑最不利的荷载组合。

CFRP 加固 PCCP 的强度需满足所有短期和长期荷载组合下的设计要求：

$$\left(\frac{R_u}{\varphi R_n}\right)_{短期荷载} + \left(\frac{R_u}{\varphi\lambda R_n}\right)_{长期荷载} \leqslant 1 \tag{4-16}$$

4.6　设计极限状态

对于 PCCP 损伤管，由于断丝和管芯混凝土开裂而发生劣化并导致管体刚度降低。因此，CFRP 内衬的设计以预应力完全损失为基础，按照柔性管进行设计。为保守起见，本文忽略了剩余预应力钢丝和钢筒强度和刚度。按照 CFRP 内衬结构性和半结构性加固的设计方式，本文所考虑的 CFRP 加固 PCCP 的设计极限状态包括：

（1）在结构性修复中，CFRP 内衬独立系统的极限状态如图 4-12 所示，主要包括

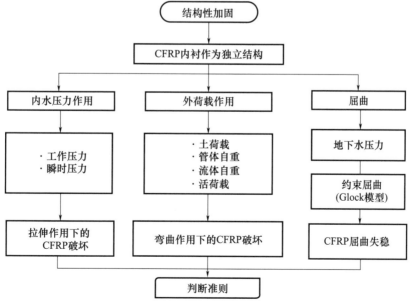

图 4-12　结构性加固的极限状态

CFRP 内衬拉伸或弯曲应变过大导致 CFRP 破坏和 CFRP 内衬屈曲失稳。

（2）在半结构性修复中，CFRP 内衬和管芯内侧混凝土复合系统的极限状态如图 4-13所示，主要包括 CFRP 内衬发生破坏和黏结在管芯内侧混凝土上的 CFRP 内衬发生屈曲破坏。

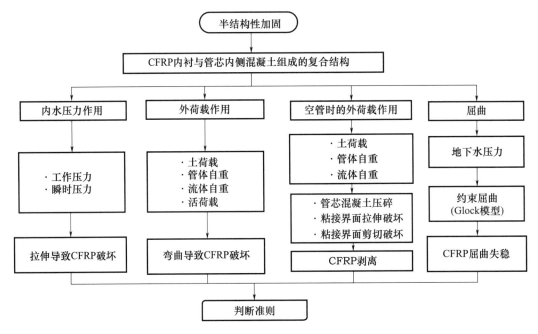

图 4-13　半结构性加固的极限状态

在无内水压力的情况下，由于 CFRP 内衬与管芯内侧混凝土之间的径向拉伸或剪切力过大，或重力荷载引起的管芯内侧混凝土压碎，CFRP 内衬与管芯内侧混凝土之间发生剥离破坏。

对于 PCCP 完好管，考虑非结构性加固，CFRP 内衬与原有管道组成复合结构承担新的设计荷载，仍按照刚性管道进行设计，本文不展开介绍。

4.7　管体变形计算

4.7.1　外部荷载

由于 CFRP 内衬较薄，$\lambda < 1$，属于柔性管，除非结构性加固管道以外，半结构性加固与结构性加固都考虑按照柔性管道进行加固设计。在外荷载作用下，CFRP 内衬产生的弯曲应变计算公式如下：

$$\varepsilon_b = \lambda \left(\frac{\Delta y}{D_f} \right) \left(\frac{2y}{D_f} \right) \tag{4-17}$$

式中　D_f——至 CFRP 内衬中性轴的直径，mm；

　　　　y——从管壁中性轴到极限拉伸纤维的距离，mm；

λ——形状系数，建议取值 $3\sim8$［对于均匀压实且管道刚度（EI）大于 276kPa，建议取 3；对于压实不均匀或不良腔体，建议取 6；对于压实不均匀且管道刚度低于 103kPa，建议取 8］；

Δy——竖向挠度，按照式（4-18）计算：

$$\Delta y = \frac{(D_L W_e + W) K_x}{0.061 M_s + \frac{EI}{R^3}} \quad (4\text{-}18)$$

式中　W_e——竖向土荷载，MPa；

　　　W——W_p、W_w 和 W_t 等外部荷载，MPa；

　　　K_x——垫层系数；

　　　R——距管道截面中性轴的半径，mm；

　　　D_L——变形滞后系数；

　　　M_s——土壤约束模量，MPa；

　　　EI——管道刚度。

CFRP 进行结构性加固时，CFRP 内衬的竖向挠度 Δy 不超过 5%；CFRP 进行非结构性或半结构性加固时，CFRP 和管芯混凝土或整个管体组成的复合结构的竖向挠度 Δy 不超过 3%。

4.7.2　内水压力

CFRP 内衬承受内水压力的应力计算可看作是厚壁圆筒内应力问题，一般可以通过 Lamé 法求解，对于仅承受内压的圆筒，任一点的内应力（切向与径向）计算公式如下：

切向应力：
$$\sigma_l = \frac{P_i a^2 (b^2/r^2 + 1)}{b^2 - a^2} \quad (4\text{-}19)$$

径向应力：
$$\sigma_r = \frac{P_i a^2 (b^2/r^2 - 1)}{b^2 - a^2} \quad (4\text{-}20)$$

式中　P_i——内压；

　　　a——圆筒内径；

　　　b——圆筒外径；

　　　r——圆心至圆筒上任一点的半径。

因此，最大应力在 $r=a$ 时，切向应力 σ_l 为：

$$\sigma_{max} = (\sigma_l)_{r=a} = \frac{P_i a^2 (b^2/a^2 + 1)}{b^2 - a^2}$$

或
$$\sigma_{max} = \frac{P_i (b^2 + a^2)}{b^2 - a^2} \quad (4\text{-}21)$$

当 $a \approx b$ 或 $t = b - a$ 的圆筒，

$$b^2 - a^2 = (b+a)(b-a) = \overline{D}t \quad (4\text{-}22)$$

式中　$\overline{D}$——平均直径（$\overline{D} = b + a$）；

　　　t——壁厚（$t = b - a$）。

同时，

$$(b+a)^2 = \overline{D}^2 = a^2 + b^2 + 2ab \approx 2 \ (a^2 + b^2) \qquad (4\text{-}23)$$

因此，式（4-21）可改写成以下等式：

$$\sigma_{\max} = \frac{P_i \ (\overline{D}^2/2)}{\overline{D}t} = \frac{P_i \overline{D}}{2t} \qquad (4\text{-}24)$$

假设外径 D 为参考量纲，则

$$\overline{D} = D - t$$

$$b^2 + a^2 = \overline{D}^2 - 2ab \approx \overline{D}^2 - 2r^2 = \overline{D}^2 - \frac{\overline{D}^2}{2} \qquad (4\text{-}25)$$

式（4-24）可改写为：

$$\sigma_{\max} = \frac{P_i \ (D - t)}{2t} \qquad (4\text{-}26)$$

在结构性加固和半结构性加固中，CFRP 内衬都应能够独立地承受设计内水压力。由式（4-26）可知，由 CFRP 内衬内水压力引起的环向应变 ε_a 计算公式如下：

$$\varepsilon_a = \frac{PD_f}{2Et_f} \qquad (4\text{-}27)$$

式中　P——内水压力（包括 P_w、P_t 或 P_v，或外部压力 P_{gw}），MPa；

　　　　D_f——至 CFRP 内衬中性轴的直径，mm；

　　　　E——CFRP 环向弹性模量，MPa；

　　　　t_f——CFRP 环向层厚度，mm。

CFRP 内衬加固 PCCP 无论结构性加固，还是半结构性加固，CFRP 内衬设计中需要考虑内水压力和外部荷载引起的变形之和，代入式（4-17）与式（4-27），则组合应变 ε_u 计算公式如下：

$$\varepsilon_u = \varepsilon_a + R\varepsilon_b = \frac{PD_f}{2Et_f} + R\lambda \left(\frac{\Delta y}{D_f}\right)\left(\frac{2y}{D_f}\right) \qquad (4\text{-}28)$$

式中　R——复圆系数，与内压大小有关，保守取值为 1。

4.7.3　剥离破坏

4.7.3.1　压缩破坏

半结构性加固设计中，为避免 CFRP 和管芯内侧混凝土由于管芯混凝土压碎而发生剥离破坏，CFRP 和管芯内侧混凝土组成的复合结构与外部土壤共同抵抗空管状态下外部荷载时，在管腰处管芯混凝土内产生的压应变 ε_c 不得大于极限压应变 0.003。

通过对金属管的研究，H. L. White 和 J. P. Layer 根据试验结果提出了"环压理论"（Ring Compression Theory），之后被广泛用于计算柔性管的极限压缩性能。其中土荷载作用于管壁压力 T 如图 4-14 所示，管道压应变 ε_c 的计算公式如下：

$$\varepsilon_c = \frac{P_e D}{2t_c E_c} \qquad (4\text{-}29)$$

式中　P_e——竖向土压力，$\times 10^6 \, \text{N/m}$；

　　　　D——管外径，m；

E_c——混凝土弹性模量，MPa；

t_c——管壁厚度，mm。

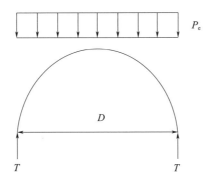

图 4-14　管壁压力示意图

4.7.3.2　拉伸破坏

半结构性加固设计中，为避免 CFRP 和管芯内侧混凝土由于径向拉应力过大而发生剥离破坏，CFRP 内衬管顶处的拉应力 σ_{rt} 不应超过混凝土的抗拉强度（或 $\leqslant 2.1$MPa），拉应力 σ_{rt} 计算公式如下：

$$\sigma_{rt}=\frac{\varepsilon_b E t_f}{R}\leqslant\phi\cdot f'_t \tag{4-30}$$

式中　f'_t——抗拉强度，$f'_t=0.408\sqrt{f'_c}$，MPa；

　　　ε_b——根据式（4-18）计算的 CFRP 内衬的弯曲应变；

　　　t_f——CFRP 环向层的厚度，mm；

　　　E——CFRP 环向弹性模量，MPa；

　　　R——CFRP 内衬的外半径，mm。

4.7.3.3　剪切破坏

半结构性加固设计中，为避免 CFRP 和管芯内侧混凝土由于剪切应力过大而发生剥离破坏，CFRP 应变不得导致 CFRP 与管芯混凝土的剪切剥离，剪切应变 ε_b 表达式如下：

$$\varepsilon_b\leqslant\phi\cdot 0.152\cdot\sqrt{\frac{\sqrt{f'_c}}{E t_f}} \tag{4-31}$$

式中　f'_c——混凝土强度，MPa；

　　　t_f——CFRP 环向层厚度，mm；

　　　E——CFRP 环向弹性模量，MPa。

4.8　CFRP 屈曲设计

在 CFRP 内衬设计中，内衬壁厚是主要的设计参数，一般这是由内衬管所需承担的荷载大小来决定的。而屈曲破坏是一种失稳破坏，可能在应力没有达到屈服强度的时候突然发生，可能带来灾难性的后果。因此，CFRP 内衬设计需要考虑内衬管的屈曲强度，确保加固后管道能够长期安全且稳定地运行。在现行很多管道和内衬管的设计规范中，常使用屈曲破坏作为结构设计的标准，例如中国 CJJ/T 210—2014《城镇排水管道非开挖修复更新工程技术规程》和美国 ASTM F1216—2016 "Standard Practice for Rehabilitation of Existing Pipelines and Conduits by the Inversion and Curing of a Resin-Impregnated Tube" 标准中内衬管的设计内容都是以美国 Timoshenko 屈曲理论为基础。Timoshenko 提出的是自由无约束的抗环压屈曲理论模型，现行很多规范和标准在此理论基础上进行改进，得到计算长、薄壁管道压力的无约束屈曲公式。

在深埋土、高地下水位、内部真空或不良回填环境中柔性内衬管易发生屈曲破坏，屈曲破坏主要分为两种类型。

（1）无约束屈曲：内衬管由外侧非刚性介质（如土）支撑，根据内衬管和周围土壤的相对刚度来决定内衬管的屈曲破坏。屈曲过程可能会形成多个波，这种波的数量取决于周围土壤刚度。

（2）约束屈曲：内衬管由一个刚性腔体支撑，刚性腔体可以限制内衬管的变形。屈曲发生前，内衬管可能从空腔壁分离，然后在某个位置上内衬管发生不稳定的突弹变。

4.8.1 无约束屈曲理论

Bresse（1866）基于小变形理论，采用各向同性的弹性本构关系，推出了在外部静水压力条件下的一个无约束独立薄壁圆环的临界屈曲压力计算公式如下：

$$P_{cr} = \frac{3EI}{R^3} \qquad (4-32)$$

式中　P_{cr}——临界屈曲失稳压力；

　　　E——弹性模量；

　　　I——圆环横截面的惯性矩；

　　　R——圆环的平均半径。

Bryan（1888）基于最小势能原理，也是基于小变形理论推导出了在外部静水压力条件下一个无限长的单独管道屈曲强度公式：

$$P_{cr} = \frac{3EI}{(1-\nu^2)R^3} = \frac{2E}{1-\nu^2}\left(\frac{t}{D}\right)^3 \qquad (4-33)$$

式中　D——管道的平均直径；

　　　t——管道的平均壁厚；

　　　ν——泊松比。

在实际问题中，外压作用下的圆环屈曲应考虑截面初始缺陷，相关问题推导可参见 Timoshenko 和 Kyriakides，部分管道有关的设计规范中，常在式（4-32）基础上通过考虑初始椭圆度、厚度、非弹性各向异性、材料参数等影响，引入合适的安全系数。

4.8.2 约束屈曲理论

大多数考虑径向约束对屈曲强度的影响的分析模型，其表达式的基本形式如下：

$$P_{cr} = \frac{\eta E}{1-\nu^2}\left(\frac{t}{D}\right)^\beta \qquad (4-34)$$

研究学者根据理论和假设提出了不同的系数 η 和不同的指数 β，不同方法中的差异性主要表现为以下几个方面：

- 线性变形理论与非线性变形理论
- 小变形理论与大变形理论
- 内衬的不对称屈曲与内衬的对称屈曲
- 内衬与刚性管之间的摩擦
- 内衬屈曲的管道向内移动与内衬屈曲的管道没有向内移动
- 内衬周长是固定值与内衬周长是变量

Pian 与 Bucciarelli 研究了在垂直分布荷载条件下受刚性圆形边界（但不是粘接）约束的弹性薄壁环屈曲。假设荷载连续，并且薄环和圆形边界之间没有摩擦。他们首先通过求解非线性 Marguerre 扁壳方程来考虑小变形，得到近似解，其临界屈曲压力表达式如下：

$$P_{cr} = 0.73E \frac{I^{\frac{3}{5}} - A^{\frac{2}{5}}}{R^{\frac{11}{5}}} = 0.755 \left(\frac{t}{D}\right)^{2.2} \tag{4-35}$$

式中 I——管壁的转动惯量；

      A——管壁的面积；

      R——管的平均半径。

他们还建立了一个大圆环变形的求解方程，当 $D/t = 200$，预测屈曲强度的近似解比精确解小 3%。同时，对于厚壁圆环，该近似解的精度将降低。

Cheney 基于小变形弹性理论分析刚性薄壁圆环的屈曲，圆环假设由两部分组成：上部分向内屈曲，远离刚性圆环；下部分紧靠刚性圆环。Cheney 假定空腔壁内衬上部分向内移动，而下部内衬向外移动。Omara 提出对于无限长薄壁管道，其临界屈曲压力的 Cheney 公式可以变为如下表达式：

$$P_{cr} = \frac{2.55E}{1 - \nu^2} \left(\frac{t}{D}\right)^{2.2} \tag{4-36}$$

Glock 运用非线性变形理论和最小势能原理分析了在外部静水压力与温度荷载条件下刚性腔体的稳定性，并假设该屈曲是非对称的，内衬和刚性腔体之间没有摩擦，刚性腔壁不会随着圆环向内移动。对于刚性腔体来说，Glock 提出其临界屈曲压力公式如下：

$$P_{cr} = 0.969E \frac{I^{\frac{3}{5}} - A^{\frac{2}{5}}}{R^{\frac{11}{5}}} = 1.002 \left(\frac{t}{D}\right)^{2.2} \tag{4-37}$$

对于无限长管道的平面应变问题，在薄壁管嵌入刚性空腔的情况下，临界屈曲压力表达式可被修改为：

$$P_{cr} = \frac{E}{1 - \nu^2} \left(\frac{t}{D}\right)^{2.2} \tag{4-38}$$

Glock 方程预测的外部静水压力屈曲强度为 Cheney 预测的屈曲荷载的 39%，但为 Pian 和 Bucciarelli 获得的分布垂直荷载屈曲荷载的 133%。

4.8.3 CFRP 屈曲分析

CFRP 内衬加固 PCCP 设计必须考虑约束屈曲情况，其临界屈曲压力计算公式如下：

$$P_{cr} = \varphi \frac{E_{Cn}}{1 - \nu_x \nu_y} \left(\frac{t}{D} \right)^{2.2}$$

(4-39)

式中 E_{Cn}——CFRP 内衬长期弹性模量，MPa；

  ν_x，ν_y——CFRP 材料沿纤维方向与垂直纤维方向泊松比；

   φ——安全系数，屈曲分析时，建议取 0.55；

   t——CFRP 环向层厚度，或 CFRP 与管芯混凝土复合结构的换算厚度，mm；

   D——至 CFRP 内衬中性轴的直径，或至 CFRP 和管芯混凝土复合结构中性轴的直径，mm。

5 碳纤维补强加固技术试验研究

5.1 原型试验

为了研究 PCCP 原管和 CFRP 补强加固管的力学特性以及 CFRP 受损后力学性态的变化，进行了 PCCP 内荷载和外荷载原型试验和室内试验。

5.1.1 环向碳纤维布形成的 CFRP

为了验证环向碳纤维布形成的 CFRP 补强加固效果，采用 2 根内径 2.6m 的 PCCP，管 A 为裸管、管 B 为施加环向碳纤维布后的补强加固管，分别对管 A 和管 B 进行内水压试验。

5.1.1.1 试验方案

（1）试验管参数

管 A 和管 B 由 C55 混凝土浇筑而成，几何及力学性能参数见表 5-1 和表 5-2。

表 5-1 PCCP 几何尺寸参数

管道内径 D_i/mm	管芯混凝土厚度 h_c/mm	钢筒外径 D_Y/mm	砂浆厚度 h_m/mm	钢丝直径 d_s/mm	缠丝层数 n/层
2600	220	2713	25	6	1

表 5-2 PCCP 材料力学性能参数

管芯混凝土弹性模量设计值 E_c/MPa	砂浆弹性模量设计值 E_m/MPa	钢筒弹性模量设计值 E_y/MPa	钢丝弹性模量设计值 E_s/MPa	钢丝抗拉强度设计值 f_{sy}/MPa	钢筒屈服强度 f_{yy}/MPa	工作压力 /MPa
35500	23400	206850	193550	310	225	0.6

（2）测试仪器

试验选用美国 LDS 公司的测试系统，如图 5-1 所示。具有连续记录和瞬态采集等多种工作模式，在试验过程中可以通过测控软件对数据进行实时监测、现场读出和处理数据，应变仪主要参数见表 5-3。应变片用于测量砂浆、混凝土及钢丝应变，水压力计用于测量 PCCP 管内水压力。

表 5-3 应变仪主要参数

模拟输入通道数	主机总采样率 /（MS/s）	单通道最大采样率 /（KS/s）	模拟带宽 /kHz	A/D 精度 /bit
64	1	100	20	16

图 5-1　美国 LDS 公司的测试系统

（3）测点布置

将应变计直接粘贴在受测钢丝、管芯混凝土和砂浆保护层表面上。沿管轴向共布设四个监测纵剖面，各纵剖面间隔 90°分布；沿垂直于管轴方向布置横剖面，管 A 布置 6 个横剖面，管 B 布置 7 个横剖面，剖面如图 5-2 所示。应变测量方向为环向，每个横剖面内外共计 8 个测点。管 A 共计布设 48 个测点，管 B 共计布设 56 个测点。

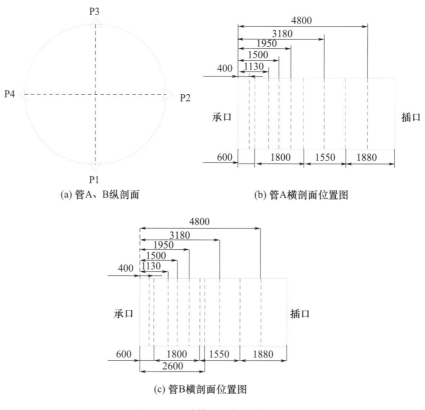

(a) 管A、B纵剖面　　　　　　　(b) 管A横剖面位置图

(c) 管B横剖面位置图

图 5-2　试验管监测剖面位置图

（4）碳纤维粘贴方案

补强加固措施是沿断丝管内壁粘贴环向碳纤维布，加固方案如图 5-3 所示。

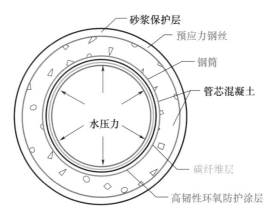

图 5-3　CFRP 加固结构型式

5.1.1.2　砂浆保护层和管芯混凝土拉应变控制

试验管由 C55 混凝土浇筑而成，按照 AWWA C304 规定，在工作极限状态下，砂浆保护层拉应变和管芯混凝土外表面的拉应变控制如表 5-4 所示。

表 5-4　砂浆保护层和管芯混凝土拉应变控制

荷载组合	砂浆保护层拉应变控制		管芯混凝土拉应变控制		目的
	规范要求	试验管	规范要求	试验管	
W1	$\varepsilon'_{wm}\leqslant0.8\varepsilon'_{km}$	$0.8\varepsilon'_{km}=112.24\mu\varepsilon$	$\varepsilon'_w\leqslant1.5\varepsilon'_t$	$1.5\varepsilon'_t=207.8\mu\varepsilon$	为了防止砂浆、管芯出现微裂缝
FT1 WT1 WT2	$\varepsilon'_{km}\leqslant8\varepsilon'_{tm}$	$8\varepsilon'_{tm}=1122.4\mu\varepsilon$	$\varepsilon'_k\leqslant11\varepsilon'_t$	$11\varepsilon'_t=1524.1\mu\varepsilon$	为了防止砂浆、管芯出现宏观裂缝

预应力钢丝是符合标准要求的冷拔钢丝，因此，钢丝屈服应变 ε'_g（近似值）为：

$$\varepsilon'_g\approx\frac{f_{sy}-f_{sg}}{E_s}=\frac{78.5}{193550}=405.6\mu\varepsilon$$

5.1.1.3　加压过程

初始压力值为 0，以 0.1MPa 为一级升压，每达到一个目标压力，稳压 5min，检查管芯混凝土和砂浆保护层开裂状态以及管道渗水位置并记录。仔细观察管芯混凝土和砂浆保护层裂缝的增加数量和裂缝性态的变化，用数显仪器测量裂缝的宽度。

管 A、管 B 均加压至 0.6MPa 开始断丝，工作压力 0.6MPa 之前为加压过程，之后为断丝过程。加压至 0.6MPa 未观察到管体表面有任何破坏现象。管 A、管 B 加载过程如图 5-4 所示。

5.1.1.4　断丝过程

管 A 逐级升压至工作压力 0.6MPa 后，按图 5-5 所示的断丝顺序开始断丝，现场钢丝标定如图 5-6 所示，每次断 5 根，稳压 5min。断丝 30 根时砂浆保护层局部脱落，暂停断丝。将压力逐级升至设计压力 0.9MPa，继续断丝，每次 5 根，断丝 40 根时管芯混凝土开裂；断丝 50 根时，从开槽处观察到管芯混凝土距承口约 1600mm 处（断丝区）

出现环向裂缝，缝宽1mm；结束断丝，持续升压至1.2MPa，无法继续升压，管芯混凝土出现多条裂缝；维持此压力3h，裂缝沿宽度和长度方向都有一定程度的扩展，如图5-7所示，试验结束。

试验后A管半径扩大了14mm，增幅0.92%。观察管A内部：距插口3500mm原有1条0.5mm环向裂缝扩展至2.5mm，如图5-8所示，由于裂缝张开，水进入钢筒与管芯混凝土之间，裂缝处有水析出。

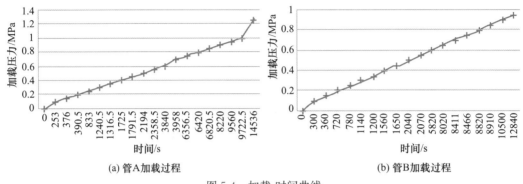

(a) 管A加载过程　　　　　　　　　　　　(b) 管B加载过程

图5-4　加载-时间曲线

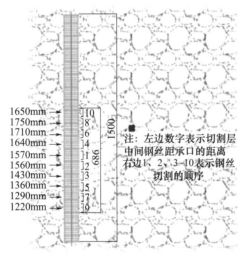

图5-5　断丝顺序

图5-6　现场钢丝标定

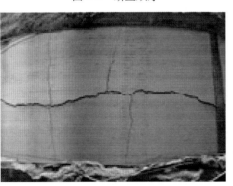

图5-7　管A外部开裂情况

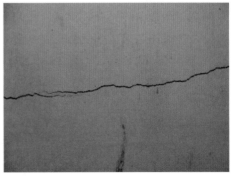

图5-8　管A内部开裂情况

管 B 逐级升至工作压力 0.6MPa，开始按图 5-5 所示的断丝顺序断丝，每次断 5 根，断丝至 50 根（管 A 总断丝数）后，未出现裂缝；将压力逐级升至设计压力 0.9MPa，继续断丝，断丝 70 根时，管芯混凝土距承口 1550mm 处出现环向裂缝，管内压力出现"泄压"，压力降至 0.6MPa；停止断丝，持续升压至 0.95MPa，无法继续升压，管芯混凝土出现多条裂缝；维持此压力 3h，裂缝沿宽度和长度方向都有一定程度的扩展，如图 5-9 所示，试验结束。

试验后观察管 B 内部，距承口大约 1500mm 处混凝土内壁原有 1 条 1mm 环向裂缝扩展至 7mm，此处碳纤维脱空开裂，如图 5-10 所示，其余部位碳纤维与管芯混凝土内壁结合紧密。

 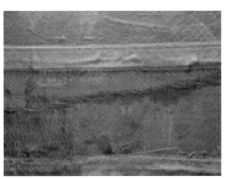

图 5-9　管 B 外部开裂情况　　　　图 5-10　管 B 内部碳纤维脱开情况

5.1.1.5　试验结果分析

因为布置测点并不能全面反映管体结构每一种材料的每一个具体位置的力学性态，试验数据仅代表测点位置结构材料的真实应变。

（1）砂浆

砂浆是在预应力钢丝张拉后喷上去的，砂浆中没有预压应力。试验前已在断丝区砂浆上切割 15cm 宽的条带，露出预应力钢丝以便断丝，因此断丝区砂浆在试验开始前已局部切割破坏，其他部位保护层砂浆不受影响。

管 A 砂浆保护层在试验压力 0.6MPa，断丝 25 根时，管 A 在 4-2M 上的砂浆保护层应变为 1278.0$\mu\varepsilon$，大于 1122.4$\mu\varepsilon$，出现宏观裂缝，之后该裂缝随压力增大而扩展，管 A 砂浆保护层应变-断丝曲线如图 5-11 所示；管 B 砂浆保护层在试验压力 0.9MPa，断丝 55～70 根时，4-2M 上的砂浆保护层应变在 362.2～554.8$\mu\varepsilon$ 之间变化，断丝 70 根之后，发生"泄压"，停止断丝，持续加压至 0.95MPa，压力不再上升，微裂缝发展为宏观裂缝，砂浆应变突变点明显延后，碳纤维的作用明显。管 B 砂浆保护层应变-断丝曲线如图 5-12 所示。

（2）管芯混凝土

管 A 在试验压力 0.6～0.9MPa，断丝 20～35 根时，纵断面 1 上的管芯混凝土应变在 248.31～326.6$\mu\varepsilon$ 之间变化，存在微裂缝；在试验压力 0.9MPa，断丝 40 根时，应变为 2625.1$\mu\varepsilon$，大于 1524.1$\mu\varepsilon$，管芯混凝土出现宏观裂缝，测点 6-1C 位置混凝土开裂后应变计失效。当试验压力 0.9～1.2MPa，断丝 50 根时，纵断面 2 上的管芯混凝土应变

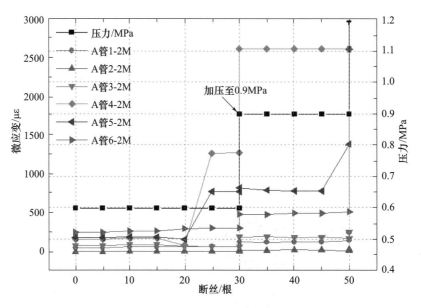

图 5-11　管 A 砂浆保护层应变-断丝曲线

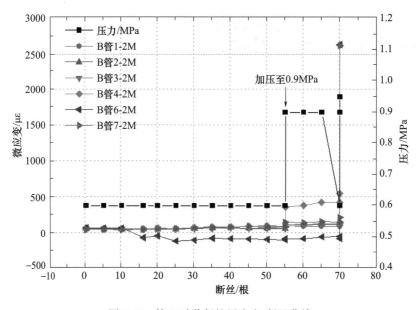

图 5-12　管 B 砂浆保护层应变-断丝曲线

在 231.6～353.6με 之间变化，管芯混凝土出现微裂缝，在此状态下进一步发展，应变
达到 2625.1με，出现宏观裂缝。纵断面 3 上的管芯混凝土应变基本类似于纵断面 2，最
后出现宏观裂缝。管 A 管芯混凝土应变-断丝曲线如图 5-13 所示。

　　管 B 在试验压力 0.9MPa，断丝 55～70 根时，纵断面 1 的管芯混凝土应变在
128.0～207.1με 之间变化，管芯混凝土未出现裂缝。在试验压力 0.6～0.9MPa，断丝
35～70 根时，纵断面 2 的管芯混凝土应变在 253.8～281.0με 之间变化，管芯混凝土出
现微裂缝。在试验压力 0.9MPa，断丝 65～70 根时，纵断面 3 的管芯混凝土应变在
208.4～285.6με 之间变化，管芯混凝土出现微裂缝。随着断丝区微裂缝的集中出现，

应力不断调整发生重分布，该位置应变计的数值大小也不断变化，但始终为微裂缝，碳纤维在此阶段参与应力重分布，一定程度上阻止了裂缝尖端的应力集中，防止管芯混凝土微裂缝向宏观裂缝扩展。断丝 70 根后，断丝区管芯混凝土原有裂缝处碳纤维撕裂，水沿裂缝处渗入钢筒，因此发生"泄压"，停止断丝，持续加压回至 0.9MPa 后，管芯混凝土应变开始突升，压力至 0.95MPa 后，断丝区管芯混凝土应变达到 2634.8$\mu\varepsilon$，扩展为宏观裂缝，管芯混凝土已开裂，压力不再上升。管 B 管芯混凝土应变-断丝曲线如图 5-14 所示。

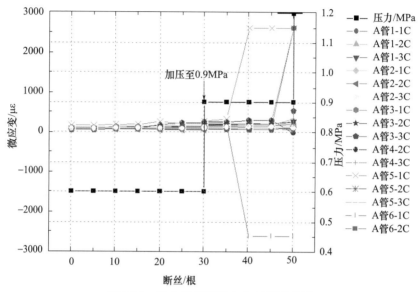

图 5-13　管 A 管芯混凝土应变-断丝曲线

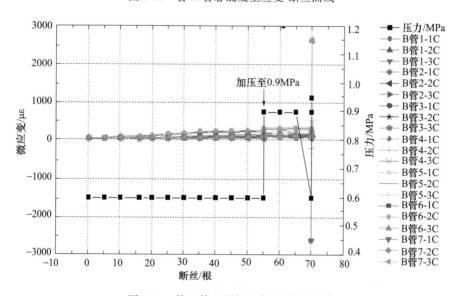

图 5-14　管 B 管芯混凝土应变-断丝曲线

（3）钢丝

随着断丝数的增加，陆续有钢丝失去预应力，产生图中曲线突降的现象。管 A 在试验压力 0.9MPa，断丝 40 根时，管芯混凝土开裂，钢丝与钢筒承担大部分的内水压力，钢丝应变突升，管 A 在 5-1S 处的钢丝应变为 2625.1$\mu\varepsilon$，该处钢丝屈服。该状态下，纵断面 3 上应变为 375.2$\mu\varepsilon$，处于弹性阶段。断丝 45 根后，6-4S 上应变为 2623.1$\mu\varepsilon$，该处钢丝处于屈服状态。管 A 钢丝应变-断丝曲线如图 5-15 所示。

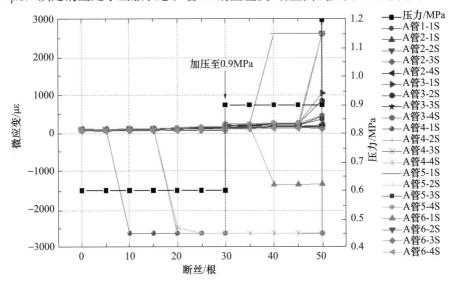

图 5-15　管 A 钢丝应变-断丝曲线

管 B 在试验压力 0.9MPa 下，断丝 60 根以前，纵断面 1 的非断丝区钢丝处于弹性阶段，断 65 根以后钢丝应变计失效。纵断面 2 的非断丝区钢丝在断丝 65 根以前处于弹性阶段，断 70 根以后钢丝应变计失效。断丝 70 根以前纵断面 3 的非断丝区钢丝一直处于弹性阶段，纵断面 4 的钢丝处于弹性阶段，断 70 根以后钢丝应变计失效。管 A 与管 B 断丝前后的受力状态表明，由于 CFRP 在管芯混凝土上的约束作用，有效限制了管芯混凝土裂缝从微观向宏观发展，改善了 PCCP 管体结构的应力状态。管 B 钢丝应变-断丝曲线如图 5-16 所示。管 A 和管 B 断丝后，钢筒外侧管芯混凝土的开裂情况如图 5-17 所示。

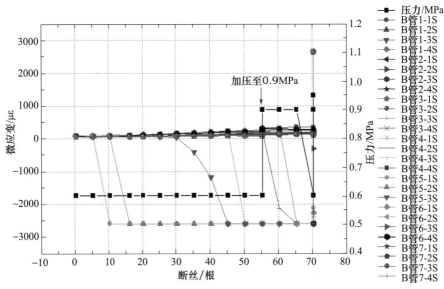

图 5-16　管 B 钢丝应变-断丝曲线

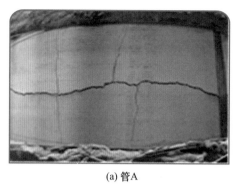 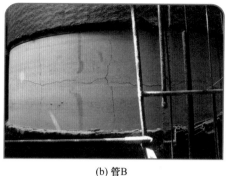

(a) 管A   (b) 管B

图 5-17   钢筒外侧管芯混凝土的开裂

5.1.1.6　结论

本试验是在有内水压的情况下人工集中断丝，模拟断丝管最不利受力状况。管 A 为原始管，砂浆保护层没有预压应力，在试验压力 0.6MPa，断丝 25 根时产生宏观裂缝；管芯混凝土在试验压力 0.9MPa，累计断丝 40 根时，应变达到 2625.1$\mu\varepsilon$，出现宏观裂缝。管 B 为粘贴 CFRP 加固管，管体弹性阶段 CFRP 与各层结构联合承载。断丝区管芯混凝土开裂后，CFRP 与钢筒主要承担内水压力，在试验压力 0.9MPa，累计断丝 70 根后，出现"泄压"，试验后观察管体内部发现 CFRP 在管壁原有裂缝扩张处脱开撕裂，阻止了 CFRP 进一步发挥作用，之后加压至 0.95MPa，测点处管芯混凝土开裂，压力不再上升。

试验表明，CFRP 在管芯混凝土弹性阶段，与管其他结构联合承载；在管芯混凝土开裂后，由于 CFRP 在管芯混凝土上的约束作用，有效限制了管芯混凝土裂缝从微观向宏观发展，改善了 PCCP 管体结构的应力状态；同时改善非断丝区钢丝的受力，延缓钢丝的屈服，从而延缓断丝管的劣化速度。在 CFRP 中没有纵向碳纤维层的条件下，极限承载过程中 CFRP 会发生撕裂现象，内水压力直接作用在混凝土管芯，甚至作用在防渗钢筒上，影响碳纤维的加固效果（图 5-18）。

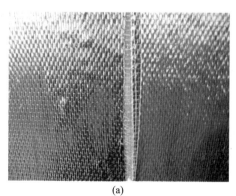 

(a)   (b)

图 5-18   CFRP 的撕裂状态

5.1.2 CFRP 结构的改进升级

2014 年原型试验表明，在没有纵向 CFRP 的结构中，CFRP 会发生撕裂现象，为此在 2015 年的原型试验中，在 CFRP 中布设纵向碳纤维层，有效解决在断丝区 CFRP 的撕裂问题，提高了碳纤维的加固效果。

5.1.2.1 试验方案

1) A2 试验管参数

（1）缠丝参数

预应力钢丝规格：$\phi 6.00mm$　WCD-P-1570MPa

缠丝应力：1099MPa

缠丝张拉力：31.07kN（3170kg）

缠丝参数见表 5-5。

表 5-5　缠丝参数

公称直径 /mm	工作压力 /MPa	覆土深度 /m	管芯壁厚 /mm	混凝土缠丝强度 /MPa	缠丝层数 /层	螺距 /mm
DN2600	0.8	5	220	38.5	1	12.4

（2）几何参数

管道内径 $D_i=2600mm$

管芯厚度 $h_c=200mm$

钢筒厚度＝1.5mm

钢筒外径 $D_y=2713mm$

砂浆保护层厚度 $h_m=20mm$

混凝土 C55

缠丝层数 $n=1$

钢丝直径 $d_s=6mm$

配筋面积 $A_s=2245mm^2$

缠丝间距 ＝ 12.4mm

（3）设计荷载

工作压力 $P_w=0.8MPa$

水锤压力 $\Delta H_r=0.32MPa$

设计压力＝0.8MPa＋0.32MPa＝1.12MPa

现场试验压力 $P_{ft}=1.2P_w=1.2×0.8MPa＝0.96MPa$

覆土深度 5m。

（4）材料参数

E_c——管芯混凝土弹性模量设计值：27860.6MPa

E_m——保护层砂浆弹性模量设计值：25254.3MPa

E_s——预应力钢丝弹性模量设计值：193050MPa

E_y——钢筒弹性模量设计值：206850MPa

$f_{cu,k}$——管芯混凝土抗压强度标准值：55MPa

f_c'——混凝土抗压强度设计值：44MPa

$f_{m,k}$——保护层砂浆抗压强度标准值：48MPa

f_{tm}'——砂浆的抗拉强度设计值：3.84MPa

f_{su}——预应力钢丝最小抗拉强度：1570MPa

f_t'——管芯混凝土抗拉强度设计值：3.856MPa

f_{yy}——钢筒拉伸屈服强度：227.5MPa

f_{yy}^*——钢筒抗拉强度设计值：310MPa

γ_c——混凝土单位重量标准值：24kN/m³

γ_m——砂浆单位重量标准值：23.5kN/m³

γ_w——水单位重量标准值：10kN/m³

γ_s——钢材单位重量标准值：78.5kN/m³

w——填土材料单位重量标准值：20kN/m³

2）测试仪器

试验采用光纤光栅感测技术，在 PCCP 结构体内各材料上布设并安装光纤光栅应变片或光纤光栅传感器，实现试验断丝过程中，PCCP 各材料结构体内力变化的动态测试。光纤光栅网络分析仪如图 5-19 所示。

图 5-19　光纤光栅网络分析仪

3）测点布置

在本次试验中，主要研究 PCCP 内碳纤维、管芯混凝土、薄钢筒、预应力钢丝和砂浆各自的受力变形情况。总体思路上，通过在各自材料的表面布设光栅传感器，实现材料受力变形监测。对于管身的每一层材料结构体的监测，都采用四个纵断面、环向布设的方法。管芯混凝土（钢筒内侧和钢筒外侧）应变、钢筒应变（贴在钢筒内侧）、预应力钢丝应变和保护层砂浆应变在四个纵断面上沿水平垂直十字对称布设。

对于管芯混凝土（钢筒内侧和钢筒外侧）环向应变、钢筒环向应变（贴在钢筒内侧）、预应力钢丝环向应变和保护层砂浆环向应变的监测，沿管身纵向分别选取 7 个监测断面。具体如图 5-20～图 5-22 所示。

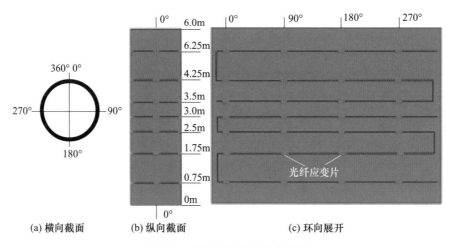

图 5-20　管身材料光纤光栅布设

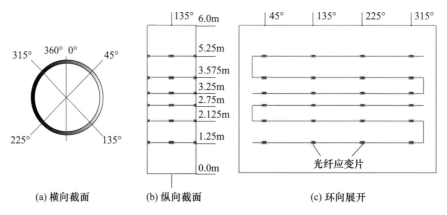

图 5-21　保护层砂浆光纤光栅布设

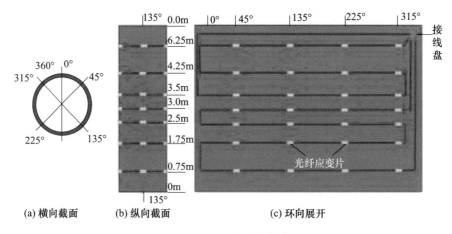

图 5-22　CFRP 光纤光栅布设

4）碳纤维分部位粘贴方案

CFRP 结构采用 1 纵＋1 环的布设型式。

5.1.2.2 砂浆保护层和管芯混凝土拉应变控制值

A2 试验管由 C55 混凝土浇筑而成，按照 AWWA C304 规定，在工作极限状态下，砂浆保护层拉应变和管芯混凝土外表面的拉应变控制值见表 5-6。

表 5-6 砂浆保护层和管芯混凝土拉应变控制值

荷载组合	砂浆保护层拉应变控制		管芯混凝土拉应变控制		目的
	规范要求	试验管	规范要求	试验管	
W1	$\varepsilon'_{wm} \leqslant 0.8\varepsilon'_{km}$	$0.8\varepsilon'_{km}=112.24\mu\varepsilon$	$\varepsilon'_w \leqslant 1.5\varepsilon'_t$	$1.5\varepsilon'_t=207.8\mu\varepsilon$	为了防止砂浆、管芯出现微裂缝
FT1 WT1 WT2	$\varepsilon'_{km} \leqslant 8\varepsilon'_{tm}$	$8\varepsilon'_{tm}=1122.4\mu\varepsilon$	$\varepsilon'_k \leqslant 11\varepsilon'_t$	$11\varepsilon'_t=1524.1\mu\varepsilon$	为了防止砂浆、管芯出现宏观裂缝

预应力钢丝是符合标准要求的冷拔钢丝，因此，钢丝屈服应变 ε'_g（近似值）为：

$$\varepsilon'_g \approx \frac{f_{sy}-f_{sg}}{E_s}=\frac{78.5}{193550}=405.6\mu\varepsilon$$

5.1.2.3 A2 管加压过程

A2 管加压过程中砂浆应变如图 5-23 所示，A2 管加压过程，每次加压 0.1MPa，稳压 5min，最后加至 1.2MPa。在整个加压过程中，砂浆应变变化为线性，不同截面不同位置的应变差别较大，管两端约束区应变小于管中部区域的应变，应变在 $120\sim210\mu\varepsilon$ 之间变化，加压过程中砂浆处于弹性阶段。

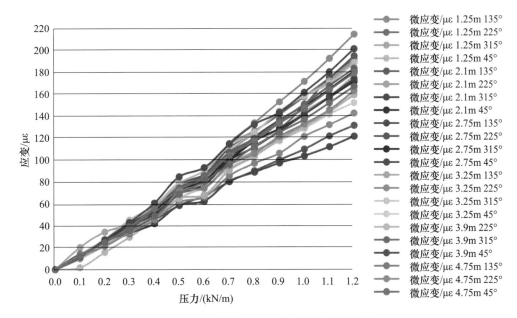

图 5-23 A2 管加压过程中砂浆应变变化图

A2 管加压过程中钢筒外侧混凝土应变如图 5-24 所示，A2 管加压过程，每次加压 0.1MPa，稳压 5min，最后加至 1.2MPa。在整个加压过程中，钢筒外侧混凝土应变变化为线性，不同截面不同位置的应变差别较大，管两端约束区应变小于管中部区域的应变，应变在 $160 \sim 240 \mu\varepsilon$ 之间变化，钢筒外侧混凝土处于弹性阶段。

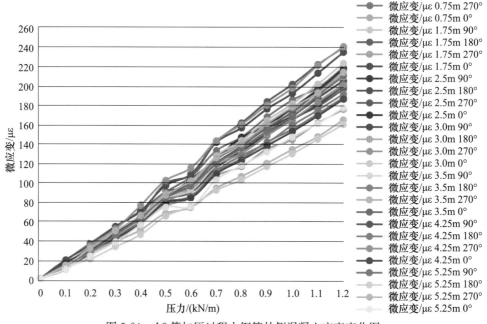

图 5-24　A2 管加压过程中钢筒外侧混凝土应变变化图

A2 管加压过程中钢筒内侧混凝土应变如图 5-25 所示，A2 加压过程，每次加压 0.1MPa，稳压 5min，最后加至 1.2MPa。在整个加压过程中，除有少数曲线由于测量误差出现稍微起伏的现象，应变变化大致的趋势仍是线性的，不同截面不同位置的应变差别较大，管两端约束区应变小于管中部区域应变，应变在 $120 \sim 230 \mu\varepsilon$ 之间变化，管芯内侧混凝土在加压过程中处于弹性阶段。

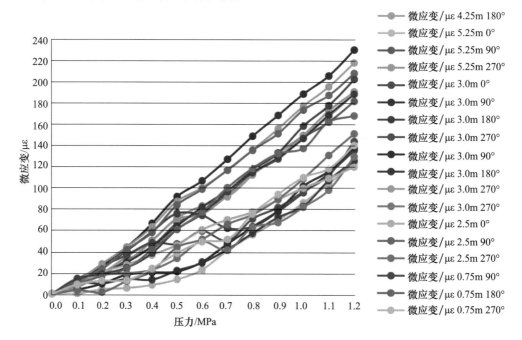

图 5-25　A2 管加压过程中钢筒内侧混凝土应变变化图

A2 管加压过程中碳纤维应变如图 5-26 所示，A2 管加压过程，每次加压 0.1MPa，稳压 5min，最后加至 1.2MPa。CFRP 为弹性材料，整个加载过程中的力学特性一直处于弹性变化。图中 CFRP 应变值的变化，反映出来的是内压的变化。由于 CFRP 粘贴在内侧混凝土上，在没有断丝的状态下，CFRP 与钢筒内侧混凝土变形协调一致。

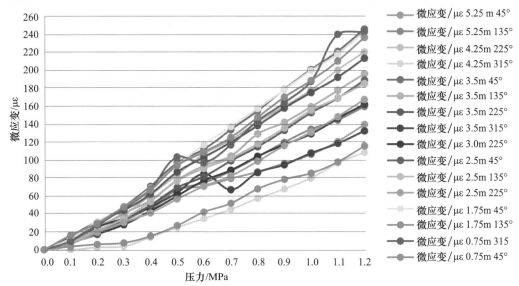

图 5-26 A2 管加压过程中碳纤维应变变化

A2 管加压过程中钢丝应变变化如图 5-27 所示，A2 管加压过程，每次加压 0.1MPa，稳压 5min，最后加至 1.2MPa。在整个加压过程中，钢丝应变变化基本为线性变化，预应力钢丝处于弹性阶段。

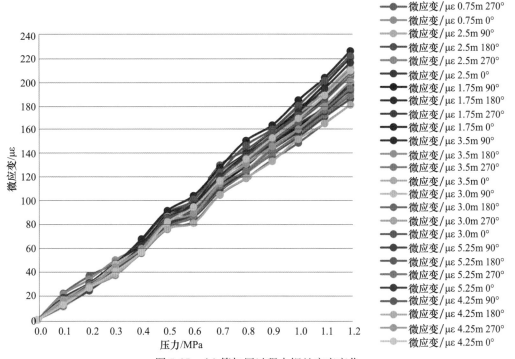

图 5-27 A2 管加压过程中钢丝应变变化

A2 管加压过程中钢筒应变变化如图 5-28 所示，A2 管加压过程，每次加压 0.1MPa，稳压 5min，最后加至 1.2MPa。在整个加压过程中，钢筒的应变较小，近似呈线性变化，到 1.2MPa 时，因为不同截面不同位置的应变差别较大，管两端约束区应变小于管中部区域应变，应变在 $170\sim230\mu\varepsilon$ 之间变化，远远未达到钢筒的屈服临界点（钢筒的屈服应变值为 $1088\ \mu\varepsilon$），钢筒处于弹性阶段。

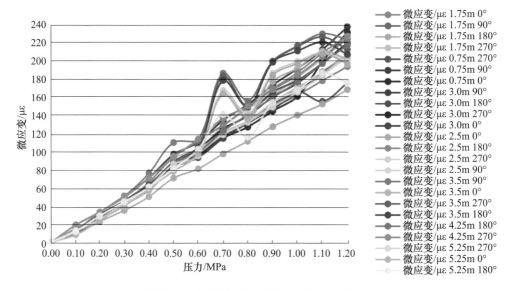

图 5-28　A2 管加压过程中钢筒应变变化图

5.1.2.4　A2 管断丝过程

A2 管断丝过程中砂浆应变变化如图 5-29 所示。A2 管加至 1.2MPa 从管中部开始断丝，每次断丝 5 根，稳压 5min，人工断丝 85 根（每次断丝压力为 1.2MPa），之后持续加压，钢丝自己绷断 25 根，此时压力为 0.9MPa，断丝数为 110 根，接着人工断丝 15 根，总断丝数为 125，钢筒漏水，试验结束，后面阶段光栅应变计已失效。断丝过程中，不同截面不同位置的应变差别较大，非断丝区应变小于中部断丝区应变。试验压力为 1.2MPa，断丝 30 根时，断丝数比较少，非断丝区与断丝区的应变差别并不大，砂浆应变在 $100\sim230\mu\varepsilon$ 之间变化，砂浆已损伤破坏，开始出现微裂缝（按照 AWWA C304 砂浆微裂缝控制的极限应变为 $112.24\mu\varepsilon$）。试验压力为 1.2MPa，断丝 50 根时，非断丝区应变变化不大，依然在 $100\sim260\mu\varepsilon$ 之间变化，断丝区 3.25m、135°位置的应变有明显增大，达到 $565\mu\varepsilon$，该位置产生可见裂缝。

A2 管断丝过程中钢筒外侧混凝土应变变化如图 5-30 所示。A2 管加至 1.2MPa 从管中部开始断丝，每次断丝 5 根，稳压 5min，人工断丝 85 根（每次断丝压力为 1.2MPa），之后继续加压，钢丝自己绷断 25 根，管体鼓胀后管内压力下降，此时压力为 0.9MPa，断丝数为 110 根，接着人工断丝 15 根，总断丝数为 125，钢筒漏水，试验结束，后面阶段光栅应变计已失效。在断丝过程中，不同截面不同位置的应变差别较大，在试验管非断丝区的应变小于试验管中部断丝区域的应变。

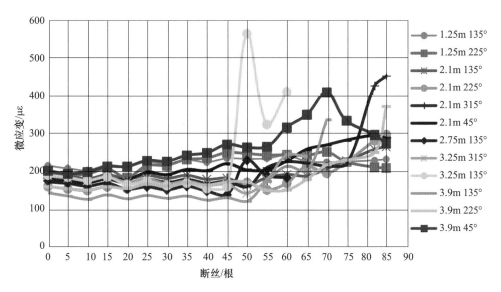

图 5-29　A2 管断丝过程中砂浆应变变化

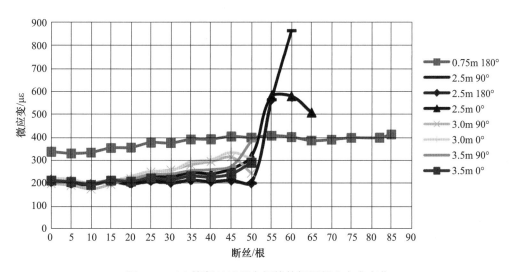

图 5-30　A2 管断丝过程中钢筒外侧混凝土应变变化

　　试验压力为 1.2MPa，断丝 30 根时，断丝数比较少，除 0.75m 180°位置因为管的初始缺陷应变偏大以外，非断丝区与断丝区的应变差别并不大，外侧混凝土应变在 $160\sim 240\mu\varepsilon$ 之间变化，部分位置的混凝土开始出现微裂缝（按照 AWWA C304 管芯混凝土微裂缝控制的极限应变为 $207.8\mu\varepsilon$）。试验压力为 1.2MPa，断丝 50 根时，非断丝区应变变化不大，依然在 $160\sim 240\mu\varepsilon$ 之间变化，断丝区的应变有明显的增大，在 $200\sim 390\mu\varepsilon$ 之间变化，断丝区的钢筒外侧混凝土随着断丝数的增加，约束减少，应变增大，但此时混凝土破坏并不大，还未出现可见裂缝（按照 AWWA C304 管芯混凝土宏观裂缝控制的极限应变为 $1524.05\mu\varepsilon$）。断丝 55 根之后，断丝区有应变曲线陡升，说明随着断丝的增加，该处混凝土的微裂缝过渡至可见裂缝。

　　A2 管断丝过程中钢筒内侧混凝土应变变化如图 5-31 所示。A2 管加至 1.2MPa 从管中部开始断丝，每次断丝 5 根，稳压 5min，人工断丝 85 根（每次断丝压力为 1.2MPa），之后持续加压，钢丝自己绷断 25 根，此时压力为 0.9MPa，断丝数为 110 根，接着人工断丝 15 根，总断丝数为 125，钢筒漏水，试验结束，后面阶段光栅应变计已失效。钢筒内侧管芯混凝土由于钢筒的约束作用，力学性态与钢筒外侧管芯混凝土并不一致。断丝过程中，不同截面不同位置的应变差别较大，非断丝区应变小于中部断丝区域应变。

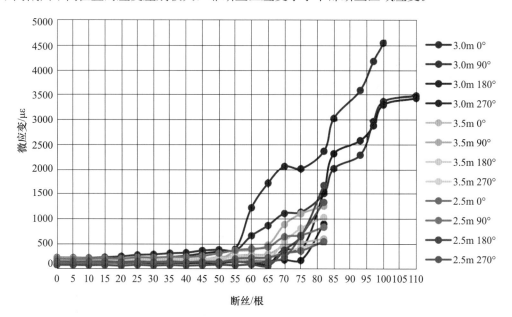

图 5-31   A2 管断丝过程中钢筒内侧混凝土应变变化

试验压力为 1.2MPa，断丝 30 根时，钢筒内侧混凝土非断丝区应变在 $36\sim180\mu\varepsilon$ 之间变化，断丝区应变在 $110\sim300\mu\varepsilon$ 之间变化，断丝区混凝土开始出现微裂缝。试验压力为 1.2MPa，断丝 50 根时，非断丝区应变变化不大，在 $50\sim190\mu\varepsilon$ 之间变化；断丝区应变增大，在 $140\sim380\mu\varepsilon$ 之间变化，断丝区的钢筒内侧混凝土随着断丝数的增加，约束减少，应变增大，但此时混凝土破坏并不大，还未出现可见裂缝。断丝 55 根之后，断丝区有应变曲线陡升，说明随着断丝的增加，该处混凝土的微裂缝过渡至可见裂缝。

A2 管断丝过程中钢筒应变变化如图 5-32 所示。A2 管加至 1.2MPa 从管中部开始断丝，每次断丝 5 根，稳压 5min，人工断丝 85 根（每次断丝压力为 1.2MPa），之后持续加压，钢丝绷断 25 根，此时压力为 0.9MPa，断丝数为 110 根，接着人工断丝 15 根，总断丝数为 125，钢筒漏水，试验结束，后面阶段光栅应变计已失效。在断丝过程中，不同截面不同位置的应变差别较大，管非断丝区应变小于管中部断丝区域应变。

试验压力为 1.2MPa，断丝 30 根时，断丝数较少，钢筒断丝区应变略大于非断丝区应变，非断丝区应变在 $170\sim250\mu\varepsilon$ 之间变化，断丝区应变在 $200\sim290\mu\varepsilon$ 之间变化，钢筒还处于弹性阶段。试验压力为 1.2MPa，断丝 50 根时，钢筒非断丝区应变变化不大，断丝区应变明显增大，3m 90°位置应变达到 $1200\mu\varepsilon$，说明断丝区钢筒已率先进入屈服阶段（按照 AWWA C304 钢筒的屈服应变控制在 $1088\mu\varepsilon$）。

A2 管断丝过程中预应力钢丝应变变化如图 5-33 所示。A2 管加至 1.2MPa 从管中部开始断丝，每次断丝 5 根，稳压 5min，人工断丝 85 根（每次断丝压力为 1.2MPa），之后持续加压，钢丝自己绷断 25 根，此时压力为 0.9MPa，断丝数为 110 根，接着人工断丝 15 根，总断丝数为 125，钢筒漏水，试验结束，后面阶段光栅应变计已失效。在断丝过程中，不同截面不同位置的应变差别较大，在试验管非断丝区的应变小于试验管中部断丝区域的应变（部分截面的光栅应变计失效，数据缺失）。

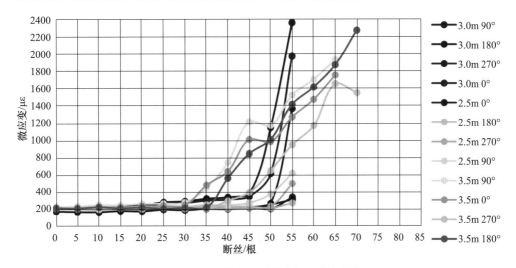

图 5-32　A2 管断丝过程中钢筒应变变化

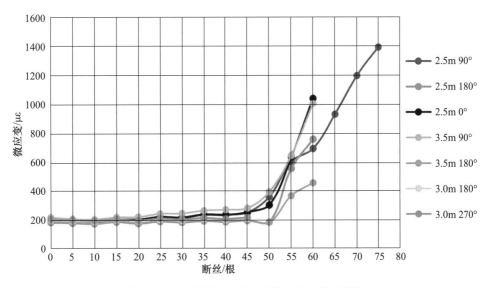

图 5-33　A2 管断丝过程中预应力钢丝应变变化

试验压力为 1.2MPa，断丝 30 根时，除 0.75m 180°位置因为管的初始缺陷应变偏大以外，钢丝非断丝区应变在 170～220$\mu\varepsilon$ 之间变化，断丝区应变在 180～250$\mu\varepsilon$ 之间变化，钢筒断丝区应变比非断丝区略大，钢丝还处于弹性阶段（预应力钢丝的屈服应变为 407$\mu\varepsilon$）。试验压力为 1.2MPa，断丝 50 根时，非断丝区应变变化不大，在 170～220$\mu\varepsilon$ 之间变化，断丝区的应变增大，最高达到 395$\mu\varepsilon$，此时断丝区钢丝已接近屈服。在断丝

50 根之后，多根断丝区应变曲线陡升，钢丝屈服。

A2 管断丝过程中 CFRP 应变变化如图 5-34 所示。A2 管加至 1.2MPa 从管中部开始断丝，每次断丝 5 根，稳压 5min，人工断丝 85 根（每次断丝压力为 1.2MPa），之后持续加压，钢丝自己绷断 25 根，此时压力为 0.9MPa，断丝数为 110 根，接着人工断丝 15 根，总断丝数为 125，钢筒漏水，试验结束，后面阶段光栅应变计已失效。在断丝过程中，不同截面不同位置的应变差别较大，在试验管非断丝区的应变小于试验管中部断丝区域的应变（部分截面的光栅应变计失效，所以数据缺失）。

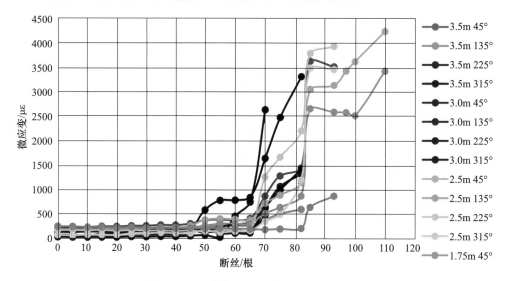

图 5-34　A2 管断丝过程中 CFRP 应变变化

CFRP 为弹性材料，整个加载过程中的力学特性一直处于弹性变化。图中 CFRP 应变值的变化，反映出来的是内压的变化。CFRP 粘贴在内侧管芯混凝土上，在断丝的状态下，CFRP 调整管芯内侧混凝土的应力状态，限制了管芯混凝土进一步开裂。

5.1.2.5　试验结果分析

因为布置测点并不能全面反映管体结构每一种材料的每一个具体位置的力学性态，试验数据仅代表测点位置结构材料的真实应变。

5.1.3　外压试验

外压试验开裂压力为线荷载，试验器材加压是液压装置，只能用压力表测量。开裂压力与液压压力表读数转换公式：$Y = 0.018X - 0.604$，其中 Y 为压力表读数（MPa），X 为荷载；$X = P_c \times L \times \% - 2.5 \times 10$，其中 P_c 为开裂压力（kN/m），L 为管计算长度（m），% 为加载百分比，2.5 为横梁及千斤顶质量（t）。压力表量程为 60MPa，精度为 2MPa，以 2MPa 为一级往上加压，即按 2MPa、4MPa、6MPa……34MPa 进行。

5.1.3.1　B6 管（CFRP 0L＋0H）

B6 管试验现象如图 5-35 所示。

（1）B6 管加压过程

B6 管加压过程中砂浆应变变化如图 5-36 所示。B6 管加压过程，每次加压 2MPa，稳压 5min，最后加至 34MPa。在整个加压过程中，砂浆的应变近似为线性变化，由于外压试验管的放置位置，不同截面不同位置的应变差别较大，管的底部和顶部受压，两侧管腰受拉，但由于管受外压变形导致截面周长增大，所以在管最外层的砂浆压应变体现得并不明显，砂浆应变在 $20\sim190\mu\varepsilon$ 之间变化，砂浆处于弹性阶段。

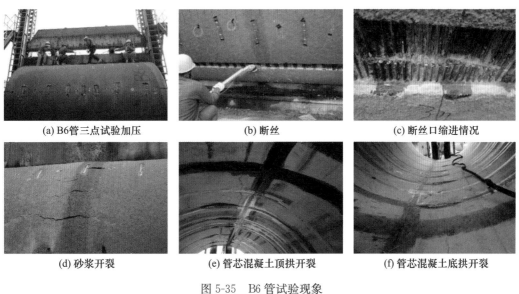

(a) B6管三点试验加压　　(b) 断丝　　(c) 断丝口缩进情况

(d) 砂浆开裂　　(e) 管芯混凝土顶拱开裂　　(f) 管芯混凝土底拱开裂

图 5-35　B6 管试验现象

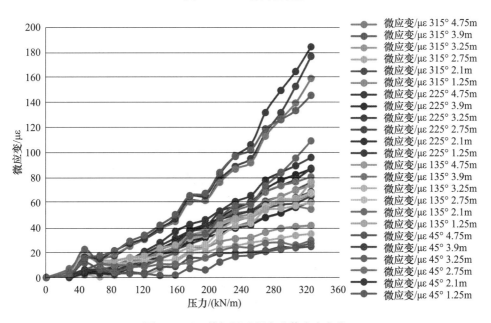

图 5-36　B6 管加压过程中砂浆应变变化

B6 管加压过程中钢筒外侧混凝土应变如图 5-37 所示。B6 管加压过程，每次加压 2MPa，稳压 5min，最后加至 34MPa。整个外压加压过程中，管的底部和顶部受压，两侧管腰受拉，图中出现 0°和 180°剖面应变为负值，为压应变；90°和 270°剖面应变为正，为拉应变。拉应变和压应变的变化都呈线性，混凝土抗压不抗拉，最后拉应变在150～

$400\mu\varepsilon$ 之间变化，钢筒外侧混凝土处于弹性阶段。

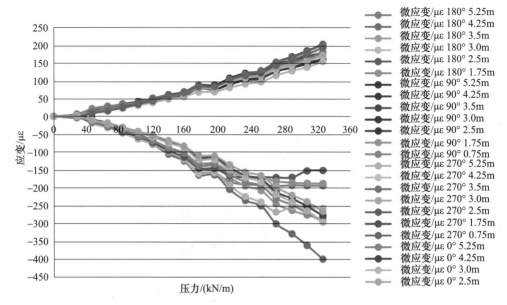

图 5-37　B6 管加压过程中钢筒外侧混凝土应变变化

　　B6 管加压过程中钢筒外侧混凝土应变变化如图 5-38 所示。B6 管加压过程，每次加压 2MPa，稳压 5min，最后加至 34MPa。整个外压加压过程中，管的底部和顶部受压，两侧管腰受拉，图中出现 0°和 180°剖面应变为负值，为压应变；90°和 270°剖面应变为正值，为拉应变。可以看出，拉应变和压应变的变化近似呈线性，混凝土抗压不抗拉，最后拉应变在 40~180$\mu\varepsilon$ 之间变化，钢筒内侧混凝土处于弹性阶段。

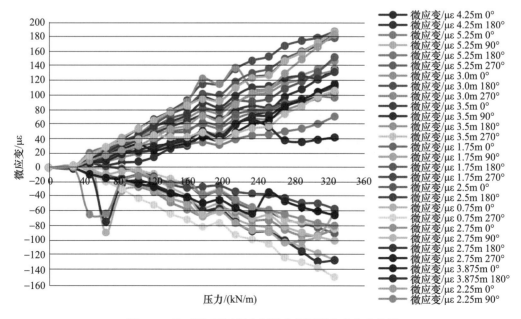

图 5-38　B6 管加压过程中钢筒内侧混凝土应变变化图

B6 管加压过程中钢筒外侧混凝土应变变化如图 5-39 所示。B6 管加压过程，每次加压 2MPa，稳压 5min，最后加至 34MPa。理论上钢丝只受拉不受压，但预应力钢丝在 PCCP 未加压前已产生应变，大小为 $5693\mu\varepsilon$，试验过程中受测量方法的限制没有考虑到钢丝因缠丝而产生的应变，试验开始时钢丝应变为 0，所以当钢丝应变小于初值时也会表现出压应力。整个外压加压过程中，预应力钢丝的应变规律与外侧混凝土一致，呈线性变化，且最后未达到屈服点，预应力钢丝处于弹性阶段。

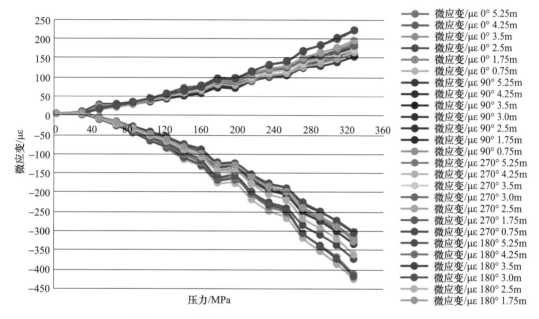

图 5-39　B6 管加压过程中钢筒外侧混凝土应变变化图

（2）B6 管断丝过程

B6 管断丝过程中砂浆应变变化如图 5-40 所示。B6 管加至 34MPa（325kN/m）从管中部开始断丝，每次断丝 5 根，稳压 5min，断丝 340 根，之后，每次断丝 20 根，直至断完所有的钢丝，总断丝 480 根。后面阶段大部分的光栅应变计失效，导致数据缺失。在断丝过程中，不同截面不同位置的应变差别较大，在试验管非断丝区的应变小于试验管中部断丝区域的应变。

试验压力为 34MPa，断丝 30 根时，断丝数比较少，非断丝区与断丝区的应变差别并不大，砂浆应变在 $75\sim110\mu\varepsilon$ 之间变化，砂浆仍处于弹性阶段，但是部分位置的应变接近出现微裂缝的极限应变（按照 AWWA C304 砂浆微裂缝控制的极限应变为 $112.24\mu\varepsilon$）。试验压力为 34MPa，断丝 70 根时，断丝区和非断丝区的应变都有些许的增长，在 $105\sim150\mu\varepsilon$ 之间变化，砂浆开始发生损伤破坏，出现微裂缝。试验压力为 34MPa，断丝 100 根时，断丝数已足够，可以明显看出试验管中部断丝区的应变大于试验管非断丝区的应变。随着断丝数的增加，应变在增大。由于砂浆的材料性质，断丝区应变的增大体现为微裂缝的扩展。

试验压力为 34MPa，断丝 40 根时，现场已观察到砂浆开裂，由于光栅应变计失效，数据缺失，图中并没有显现出来。

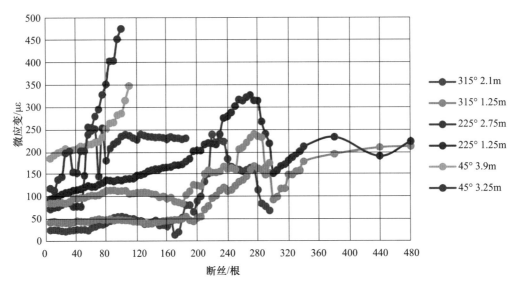

图 5-40　B6 管断丝过程中砂浆应变变化

B6 管断丝过程中钢筒外侧混凝土应变变化如图 5-41 所示。B6 管加至 34MPa（325kN/m）从管中部开始断丝，每次断丝 5 根，稳压 5min，断丝 340 根，之后，每次断丝 20 根，直至断完所有的钢丝，总断丝 480 根。后面阶段大部分的光栅应变计失效，导致数据缺失。在断丝过程中，不同截面不同位置的应变差别较大，在试验管非断丝区的应变小于试验管中部断丝区的应变。由于外压试验中 B6 管的摆放位置，管受压变形时，180°和 0°管顶和管底位置受压，应变偏小甚至出现负值；90°和 270°两腰位置受拉，应变为正。

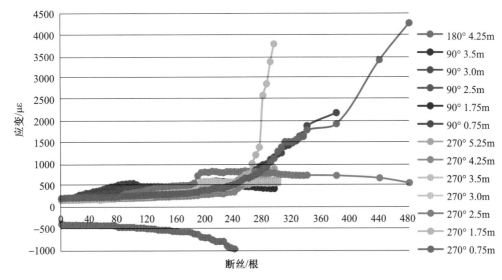

图 5-41　B6 管断丝过程中钢筒外侧混凝土应变变化

试验压力为 34MPa，断丝 30 根时，靠近断丝口 90°的剖面断丝区的应变与非断丝区的应变已开始有区别，不过总体应变只是在 170～300με 之间变化，外侧混凝土已发生损伤破坏，出现微裂缝（按照 AWWA C304 管芯混凝土微裂缝控制的极限应变为

207.8με）。试验压力为 34MPa，断丝 70 根时，断丝区和非断丝区的应变都有些许的增长，靠近断丝口 90°的剖面，断丝区与非断丝区的应变差值开始增大，在 180～470με 之间变化，外侧混凝土的微裂缝在扩展。试验压力为 34MPa，断丝 100 根时，断丝数已足够，可以明显看出试验管中部断丝区的应变大于试验管非断丝区的应变。此时断丝区应变的最大值为 550με，随着断丝数的增加，应变在增大。由于混凝土的材料性质，外侧混凝土断丝区应变的增大体现为微裂缝的扩展。

试验压力为 34MPa，断丝 145 根时，现场观察到一条宽为 0.15mm 的环向裂缝，由于光栅应变计失效，数据缺失，图中并没有显现出来。图中显示，试验压力为 34MPa，断丝 280 根时，270° 1.75m 位置的混凝土应变达到 1390με，接近 AWWA 管芯混凝土宏观裂缝控制的极限应变 1524.05με，而且之后应变呈陡升的趋势，此时该位置外侧混凝土也出现宏观裂缝。

B6 管断丝过程中钢筒内侧混凝土应变变化如图 5-42 所示。B6 管加至 34MPa（325kN/m）从管中部开始断丝，每次断丝 5 根，稳压 5min，断丝 340 根，之后，每次断丝 20 根，直至断完所有的钢丝，总断丝 480 根。后面阶段大部分的光栅应变计失效，导致数据缺失。在断丝过程中，不同截面不同位置的应变差别较大，在试验管非断丝区的应变小于试验管中部断丝区域的应变。钢筒内侧混凝土在钢筒外侧混凝土的内侧，承受的应力与钢筒外侧混凝土正好相反。

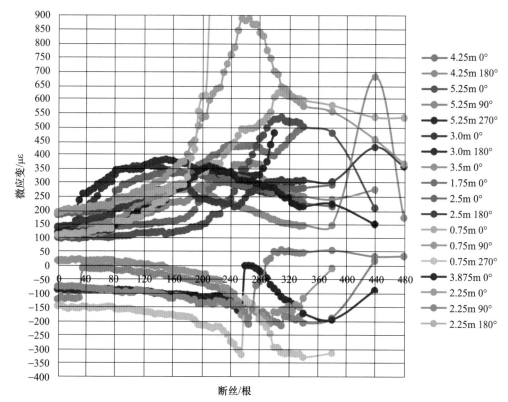

图 5-42　B6 管断丝过程中钢筒内侧混凝土应变变化

比较试验压力为 34MPa，断丝分别为 70 根、100 根和 200 根的数据，发现随着断丝数的增加，钢筒内侧混凝土的应变增加得并不是特别明显，说明钢筒对内侧混凝土起到了很好的约束作用。试验压力为34MPa，断丝200根时，钢筒内侧混凝土上的应力分布比较均匀，应变总体在$-220\sim370\mu\varepsilon$之间变化，钢筒内侧混凝土此时只是出现微裂缝还未出现宏观裂缝，说明碳纤维和钢筒对于钢筒内侧混凝土上的应力起到了一定的调节作用。在断丝200根之后，由于钢丝基本全部屈服，180° 2.25m位置的应变曲线陡升，应变值超过$2000\mu\varepsilon$，钢筒内侧混凝土出现宏观裂缝。

B6管断丝过程中预应力钢丝应变变化如图5-43所示。B6管加至34MPa（325kN/m）从管中部开始断丝，每次断丝5根，稳压5min，断丝340根，之后，每次断丝20根，直至断完所有的钢丝，总断丝480根。后面阶段大部分的光栅应变计失效，导致数据缺失。在断丝过程中，不同截面不同位置的应变差别较大，在试验管非断丝区的应变小于试验管中部断丝区域的应变。

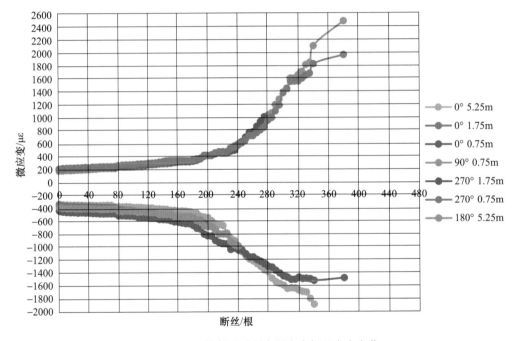

图5-43　B6管断丝过程中预应力钢丝应变变化

钢丝的缠丝应力为1099MPa，屈服应力为1177.5MPa，管道未加压前钢丝已经产生应变，大小为$5693\mu\varepsilon$，试验过程中受测量方法的限制没有考虑到钢丝因缠丝而产生的应变，所以试验开始时钢丝应变为0，钢丝达到屈服时的应变（理论值）为$407\mu\varepsilon$。比较试验压力为34MPa，断丝分别为30根和70根的数据，发现随着断丝数的增加，钢丝的应变变化的总体范围并没有特别明显的变化，其中270°剖面的应变曲线由值为正的平缓曲线变成断丝区的应变为负的下凹曲线，是因为钢丝为预应力钢丝，在断丝位置，由于断丝会引起钢丝上的缠丝应力迅速降低，钢丝收缩，出现应变为负。

注：B6管由于试验设备问题，钢筒数据遗失。

5.1.3.2　B7管（CFRP 1L＋1H）

B7管试验现象如图5-44所示。

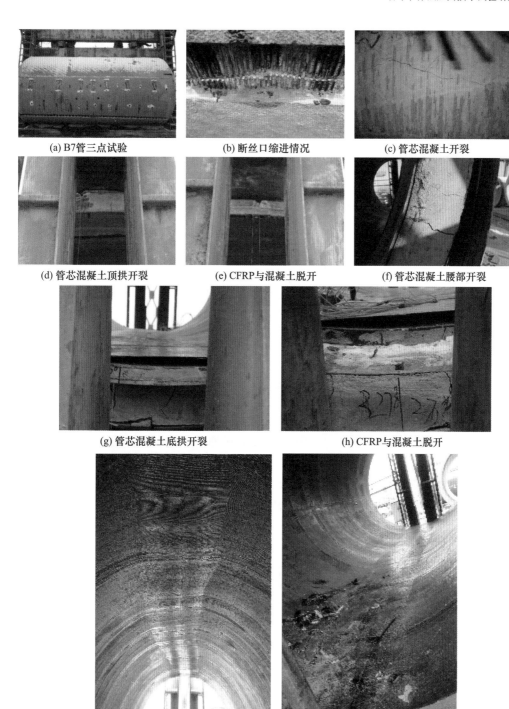

(a) B7管三点试验　　(b) 断丝口缩进情况　　(c) 管芯混凝土开裂

(d) 管芯混凝土顶拱开裂　　(e) CFRP与混凝土脱开　　(f) 管芯混凝土腰部开裂

(g) 管芯混凝土底拱开裂　　(h) CFRP与混凝土脱开

(i) CFRP与混凝土脱开情况

图 5-44　B7 管试验现象

（1）加压过程

B7 管加压过程中砂浆应变变化如图 5-45 所示。B7 管加压过程，每次加压 2MPa，稳压 5min，最后加至 34MPa。在整个加压过程中，砂浆的应变近似为线性变化，不同截面不同位置的应变差别较大，管的底部和顶部受压，两侧管腰受拉，但由于管受外压变形导致截面周长增大，所以在管最外层的砂浆压应变体现得并不明显，砂浆应变在$16\sim170\mu\varepsilon$之间变化，砂浆处于弹性阶段。

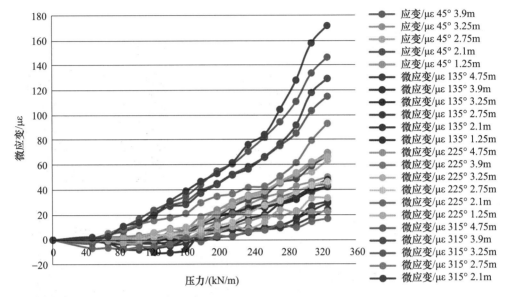

图 5-45　B7 管加压过程中砂浆应变变化

B7 管加压过程中钢筒外侧混凝土应变变化如图 5-46 所示。B7 管加压过程，每次加压 2MPa，稳压 5min，最后加至 34MPa。整个外压加压过程中，管的底部和顶部受压，两侧管腰受拉，出现 0°和 180°剖面应变为负值，为压应变；90°和 270°剖面应变为正，为拉应变。拉应变和压应变的变化都呈线性，混凝土抗压不抗拉，最后拉应变在 $40\sim140\mu\varepsilon$ 之间变化，钢筒外侧混凝土处于弹性阶段。

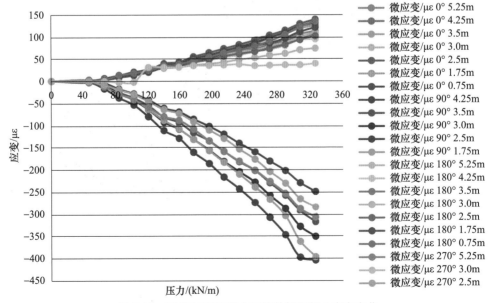

图 5-46　B7 管加压过程中钢筒外侧混凝土应变变化

B7 管加压过程中钢筒内侧混凝土应变变化如图 5-47 所示。B7 管加压过程，每次加压 2MPa，稳压 5min，最后加至 34MPa。整个外压加压过程中，管的底部和顶部受压，两侧管腰受拉，出现 0°和 180°剖面应变为负值，为压应变；90°和 270°剖面应变为正，为拉应变。可以看出，拉应变和压应变的变化近似呈线性，混凝土抗压不抗拉，最后拉应变在 60~240με 之间变化，钢筒内侧混凝土处于弹性阶段。

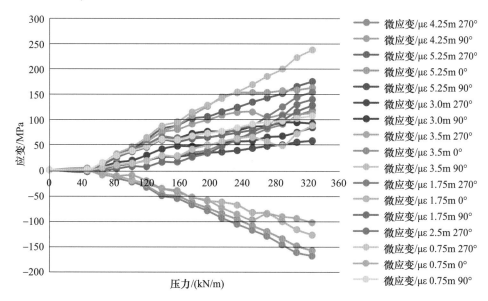

图 5-47　B7 管加压过程中钢筒内侧混凝土应变变化

B7 管加压过程中钢筒应变变化如图 5-48 所示。B7 管加压过程，每次加压 2MPa，稳压 5min，最后加至 34MPa。整个外压加压过程中，管的底部和顶部受压，两侧管腰受拉，出现 0°和 180°剖面应变为负值，为压应变；90°和 270°剖面应变为正，为拉应变。可以看出，拉应变和压应变的变化都较小，远远未达到钢筒的屈服应变（1088με），变化趋势近似为线性，钢筒处于弹性阶段。

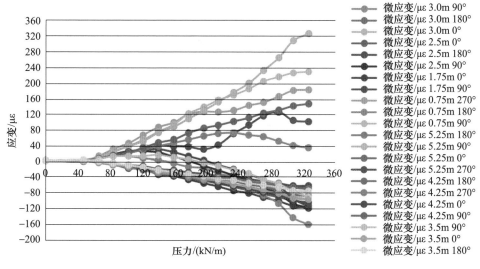

图 5-48　B7 管加压过程中钢筒应变变化图

　　B7 管加压过程中钢丝应变变化如图 5-49 所示。B7 管加压过程，每次加压 2MPa，稳压 5min，最后加至 34MPa。理论上钢丝只受拉不受压，但预应力钢丝在 PCCP 未加压前已产生应变，大小为 $5693\mu\varepsilon$，试验过程中受测量方法的限制没有考虑到钢丝因缠丝而产生的应变，试验开始时钢丝应变为 0，所以当钢丝应变小于初值时也会表现出压应力。整个外压加压过程中，预应力钢丝的应变规律与外侧混凝土一致，呈线性变化，最后未达到屈服点，预应力钢丝处于弹性阶段。

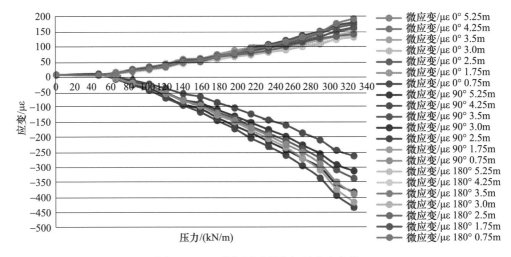

图 5-49　B7 管加压过程中钢丝应变变化

　　B7 管加压过程中碳纤维应变变化如图 5-50 所示。B7 管加压过程，每次加压 2MPa，稳压 5min，最后加至 34MPa。CFRP 为弹性材料，整个加载过程中的力学特性一直处于弹性变化。CFRP 粘贴在内侧管芯混凝土上，在没有断丝的状态下，CFRP 的变形与内侧管芯混凝土的变形协调一致。

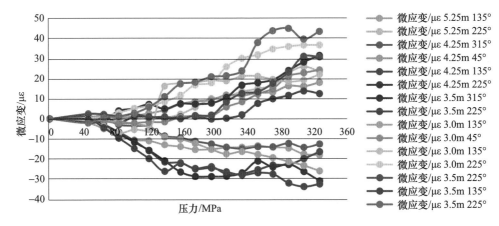

图 5-50　B7 管加压过程中碳纤维应变变化

（2）断丝过程

　　B7 管断丝过程中砂浆应变变化如图 5-51 所示。B7 管加至 34MPa（325kN/m）从管中部开始断丝，每次断丝 5 根，稳压 5min，断丝 340 根，之后，每次断丝 20 根，直至断完所有的钢丝，总断丝 480 根。后面阶段大部分的光栅应变计失效，导致数据缺失。在断丝过程中，不同截面不同位置的应变差别较大，在试验管非断丝区的应变小于试验管中部断丝区的应变。

如图 5-51 所示，试验压力为 34MPa，断丝 120 根之前，砂浆应变都没有超过 $100\mu\varepsilon$（按照 AWWA C304 砂浆的微裂缝的极限应变控制在 $112.24\mu\varepsilon$），砂浆仍处于弹性阶段。在断丝 120 根之后，135°2.75m 位置的应变曲线陡升，应变峰值达到 $2700\mu\varepsilon$，砂浆出现宏观裂缝（按照 AWWA C304 砂浆的宏观裂缝的极限应变控制在 $1122.4\mu\varepsilon$）。

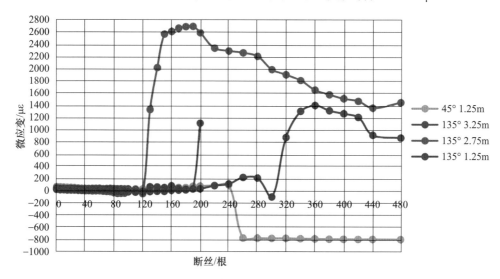

图 5-51　B7 管断丝过程中砂浆应变变化

B7 管断丝过程中钢筒外侧混凝土应变变化如图 5-52 所示。B7 管加至 34MPa（325kN/m）从管中部开始断丝，每次断丝 5 根，稳压 5min，断丝 340 根，之后，每次断丝 20

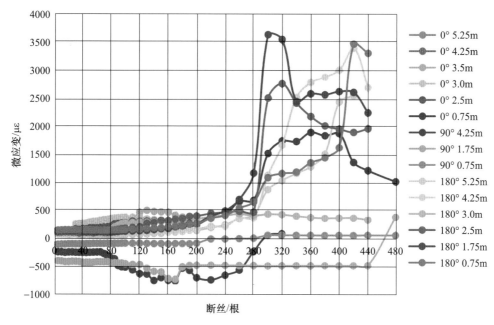

图 5-52　B7 管断丝过程中钢筒外侧混凝土应变变化

根，直至断完所有的钢丝，总断丝 480 根。后面阶段大部分的光栅应变计失效，导致数据缺失。在断丝过程中，不同截面不同位置的应变差别较大，在试验管非断丝区的应变小于试验管中部断丝区的应变。B7 管外侧混凝土由于外压试验中管的放置位置，管顶和管底部位（90°和 270°）受压，应变为负，管两腰部位（0°和 180°）受拉，应变为正。

随着断丝数的增加，钢筒外侧混凝土的应变增大。试验压力为 34MPa，断丝 30 根之前，外侧混凝土应变都没有超过 $200\mu\varepsilon$，钢筒外侧混凝土仍处于弹性阶段。在断丝 30 根至 280 根之间，应变最大值没有超过 $1500\mu\varepsilon$，微裂缝在扩展，但是还未出现宏观裂缝。试验压力为 34MPa，断丝 280 根之后，多条应变曲线陡升，钢筒外侧混凝土的微裂缝开始大部分都过渡至宏观裂缝。

但是现场观察到试验压力为 34MPa，断丝 160 根时，钢筒外侧混凝土在 345°位置第一次出现裂缝。

B7 管断丝过程中钢筒内侧混凝土应变变化如图 5-53 所示。B7 管加至 34MPa（325kN/m）从管中部开始断丝，每次断丝 5 根，稳压 5min，断丝 340 根，之后，每次断丝 20 根，直至断完所有的钢丝，总断丝 480 根。后面阶段大部分的光栅应变计失效，导致数据缺失。在断丝过程中，不同截面不同位置的应变差别较大，在试验管非断丝区的应变小于试验管中部断丝区的应变。B7 管钢筒内侧混凝土在外侧混凝土的内侧，当管受外压变形时，钢筒内侧混凝土与钢筒外侧混凝土在同一位置承受的应力正好相反。

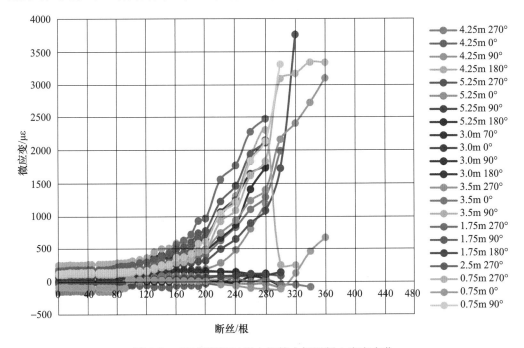

图 5-53　B7 管断丝过程中钢筒内侧混凝土应变变化

试验压力为 34MPa，断丝 85 根之前，钢筒内侧混凝土应变都没有超过 $200\mu\varepsilon$（按照 AWWA C304 管芯混凝土的微裂缝的极限应变控制在 $207.8\mu\varepsilon$），钢筒内侧混凝土仍处于弹性阶段，钢筒外侧混凝土对应的断丝数大很多，说明钢筒起到了很好的约束作用。在断丝 85 根至 220 根之间，应变最大值没有超过 $1500\mu\varepsilon$，微裂缝在扩展，但还未出现宏观裂缝（按照 AWWA C304 管芯混凝土的宏观裂缝的极限应变控制在 1524.05με）。试验压力为 34MPa，断丝 220 根之后，多条应变曲线陡升，钢筒外侧混凝土的微裂缝开始过渡至宏观裂缝。

与 B6 管钢筒内侧混凝土出现宏观裂缝的断丝数 200 相比，B7 管的断丝数没有明显增加，说明一层环向和一层纵向的碳纤维没有起到很好的延迟微裂缝扩展的作用。

B7 管断丝过程中钢筒应变变化如图 5-54 所示。B7 管加至 34MPa（325kN/m）从管中部开始断丝，每次断丝 5 根，稳压 5min，断丝 340 根，之后，每次断丝 20 根，直至断完所有的钢丝，总断丝 480 根。后面阶段大部分的光栅应变计失效，导致数据缺失。在断丝过程中，不同截面不同位置的应变差别较大，在试验管非断丝区的应变小于试验管中部断丝区域的应变。

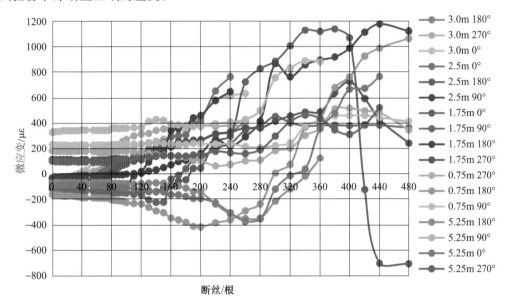

图 5-54　B7 管断丝过程中钢筒应变变化

在断丝过程中，随着断丝数的增加，钢筒的应变不断增大。试验压力为 34MPa，断丝为 200 根时，断丝区应变与非断丝区应变才开始区别比较明显，试验管非断丝区的应变在 −420～370με 之间变化，试验管中部断丝区的应变在 260～460με 之间变化，钢筒仍处于弹性阶段。试验压力为 34MPa，断丝为 340 根时，应变最大值达到 1128με，此时钢筒开始屈服。

B7 管断丝过程中预应力钢丝应变变化如图 5-55 所示。B7 管加至 34MPa 从管中部开始断丝，每次断丝 5 根，稳压 5min，断丝 340 根，之后，每次断丝 20 根，直至断完所有的钢丝，总断丝 480 根。后面阶段大部分的光栅应变计失效，导致数据缺失。在断丝过程中，不同截面不同位置的应变差别较大，在试验管非断丝区的应变小于试验管中部断丝区的应变。

钢丝的缠绕应力为 1099MPa，屈服应力为 1177.5MPa，管子未加压前钢丝已经产生应变，大小为 5693με，试验过程中受测量方法的限制没有考虑到钢丝因缠丝而产生的应变，所以试验开始时钢丝应变为 0，钢丝达到屈服时的应变（理论值）为 407με。切割钢丝，单根钢丝的应力会释放完全，相邻钢丝应力释放较小。比较试验压力为

34MPa，断丝分别为 30 根和 70 根的数据，发现随着断丝数的增加，钢丝的应变范围的跨度有明显增大，其中 90°剖面的应变曲线由平缓的曲线变成断丝区的应变下凹的曲线，是因为钢丝为预应力钢丝，在断丝位置，断丝会引起钢丝上的缠丝应力迅速降低，钢丝收缩，应变为负。

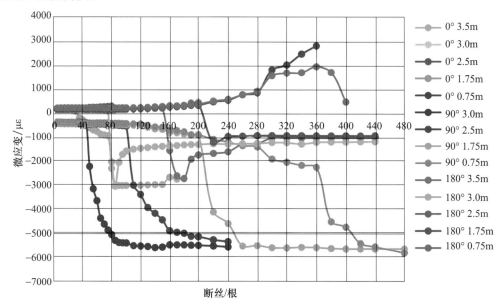

图 5-55　B7 管断丝过程中预应力钢丝应变变化

B7 管断丝过程中 CFRP 应变变化如图 5-56 所示。B7 管加至 34MPa（325kN/m）从管中部开始断丝，每次断丝 5 根，稳压 5min，断丝 340 根，之后，每次断丝 20 根，直至断完所有的钢丝，总断丝 480 根。后面阶段大部分的光栅应变计失效，导致数据缺失。在断丝过程中，不同截面不同位置的应变差别较大，在试验管非断丝区的应变小于试验管中部断丝区的应变。

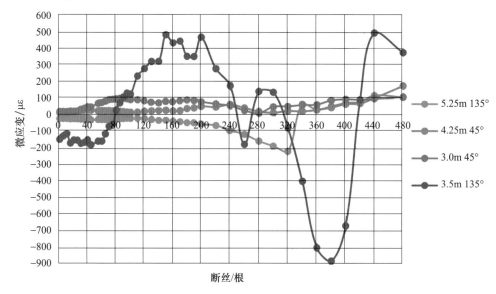

图 5-56　B7 管断丝过程中 CFRP 应变变化

5.1.4 原型试验结论

5.1.4.1 内压试验结论

（1）在设计内压下（1.12MPa），组成 PCCP 的各组成材料均处于线弹性阶段。在 0～2.25MPa 的逐步加载过程中，PCCP 各组成材料的力学性态发生了分化，在 0～1.8MPa 之间，PCCP 整体处于线弹性阶段，大于 1.8MPa 之后，除了 CFRP 仍处于弹性阶段外，各组成材料进入非线性阶段。

（2）在断丝过程中，各组成材料沿管轴线不同截面不同位置的应变差别较大，断丝区的应变明显大于非断丝区的应变。内侧管芯混凝土力学性态与外侧管芯混凝土变形并不一致，内侧管芯混凝土受到钢筒变形的制约，应变随内压的不断升高，应变变化不大，基本趋于稳定。随着内压不断增加，钢筒应变值随之增大，内侧管芯混凝土的应变也应随之增大，已有裂缝的进一步开展。

（3）在断丝时 CFRP 能够改善 PCCP 的应力状态，在相同内压下，断丝数有一定程度增加。CFRP 整个断丝过程中的力学特性一直处于弹性变化。

5.1.4.2 PCCP 外压试验结论

（1）在整个加压过程中，砂浆和管芯混凝土沿管轴线不同截面不同位置的应变差别较大，管的底部和顶部受压，两侧管腰受拉，拉应变和压应变的变化都呈线性。钢筒和钢丝在管的底部和顶部受压，两侧管腰受拉，拉应变和压应变的变化都较小，处于弹性阶段。CFRP 的变形与内侧管芯混凝土的变形协调一致，未发生剥离现象。

（2）PCCP 在断丝过程中沿管轴线不同截面不同位置的应变差别较大，非断丝区应变小于断丝区应变。随着断丝数目的增加，外侧管芯混凝土首先在断丝区两腰部位外侧出现纵向裂缝，内侧混凝土首先在断丝区顶拱和底拱内侧出现纵向裂缝，管芯混凝土的纵向裂缝不断扩展延伸直至贯穿。试验过程中发现一个奇特现象，在断丝过程中沿管轴线内侧混凝土应变随着断丝数目而变化，在同一位置随着断丝数增加由受压转为受拉。

（3）CFRP 在整个断丝过程中一直处于弹性变化，CFRP 厚度越大，抗弯能力越强。

5.2 室内 CFRP 性能试验

粘贴 CFRP 的 PCCP 在内压和外压试验结束后，对 CFRP 进行了粘贴强度试验，同时为了检测 CFRP 的力学性能，从不同试验管上切割一定数量的 CFRP，在中国水利水电科学研究院实验室进行拉伸强度、弹性模量、剪切强度和弯曲强度试验。

5.2.1 黏结强度试验

为了检验 CFRP 与管芯混凝土的黏结强度，在内压试验和外压试验完成后，在试验管内侧粘贴拉拔头，对 CFRP 进行拉拔试验，试验结果为研究补强加固方案提供依据。

5.2.1.1 黏结强度测点位置图

由于断丝过程中，在内压和外压的作用下，管体断丝区的变形大，为了检查 2 个区域的拉拔强度的差异，在断丝区和非断丝区分别布置拉拔头进行拉拔试验。A2 管黏结强度测点位置如图 5-57 所示。其他管类似布置。

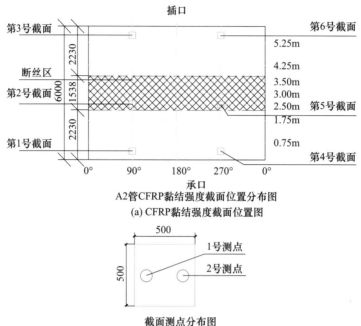

图 5-57　A2 管 CFRP 黏结强度测量图

A2管CFRP黏结强度截面位置分布图

(a) CFRP黏结强度截面位置图

截面测点分布图
CFRP与混凝土黏结强度测量分为6截面；
每个截面在50cm×50cm范围内分布2测点。

(b) 测点分布图

截面号	第1号截面		第2号截面		第3号截面		第4号截面		第5号截面		第6号截面	
黏结点号	1-1	1-2	2-1	2-2	3-1	3-2	4-1	4-2	5-1	5-2	6-1	6-2
黏结位置	距承口0.40m		距承口2.50m		距承口5.60m		距承口0.40m		距承口2.50m		距承口5.60m	
黏结强度(MPa)	4.19	4.04	2.06	1.48	3.70	2.16	3.37	3.38	1.89	2.52	2.34	5.49

(c) 测量值

5.2.1.2　拉拔试验的仪器

中国工程建设标准化协会标准《碳纤维增强复合材料加固混凝土结构技术规程》（T/CECS 146—2022）对黏结强度检测仪的要求，应符合现行行业标准《数显式粘结强度检测仪》（JG/T 507—2016）的规定。

采用煤炭科学研究总院北京中煤矿山工程有限公司生产的碳纤维黏结强度检测仪（简称检测仪），该仪器是粘贴碳纤维片材加固修复混凝土结构设计、施工和验收的检测设备，符合《数显式粘结强度检测仪》（JG/T 507—2016）的规定，如图 5-58 所示。碳纤维黏结强度的测定方法与施工质量的判定参照《碳纤维增强复合材料加固修复混凝土结构技术规程》（T/CECS 146—2022）附录 B 章节进行。

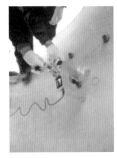

图 5-58　CFRP 黏结强度测试仪器

5.2.1.3　试验结果

拉拔试验的破坏形式为混凝土内聚破坏，符合《碳纤维增强复合材料加固混凝土结构技术规程》（T/CECS 146—2022）的要求。试验过程中，1 处 CFRP 与混凝土完全脱开，3 处拉拔头黏结失效，无法进行 CFRP 黏结强度试验。T/CECS 146—2022 标准规定，当组内每一试样的正拉黏结强度均达到 max $\{1.5, f_{tk}\}$ 的要求，且其破坏形式正常时，应评定该组为检验合格组。f_{tk} 为原构件混凝土实测的抗拉强度标准值。

由于本次 8 根 PCCP 内压和外压试验均为破坏性试验，混凝土本体损伤严重，特别是内压试验断丝区的混凝土不但损伤而且向外径向鼓胀，混凝土与 CFRP 的变形不协调，剪切作用明显，碳纤维与管芯混凝土的黏结面受到了削弱，导致断丝区的拉拔强度明显低于非断丝区的拉拔强度。内压非断丝区的黏结强度平均值达到 2.791MPa，断丝区为 1.855MPa。外压管黏结强度平均值为 2.856MPa。试验结果如图 5-59 所示，试验管试验如图 5-60 所示。

		测点拉拔强度/MPa																					平均值/MPa
内压管	断丝区	2.06	1.48	1.89	2.52	1.82	1.36																1.855
	非断丝区	2.04	3.32	2.45	2.7	2.96	3.43	3.3	2.34	2.22	1.98	2.97	3.36	2.03	3.11	2.36	2.84	1.8	3.25	3.78	3.13	3.25	2.791
外压管	断丝区	4.19	4.04	3.7	2.16	3.37	3.38	2.34	3.53	3.64	2.97	2.01	1.66	2.31	1.82	2.38	3.15	1.16	4.57	1.86	2.65	3.08	2.856

图 5-59　拉拔试验结果

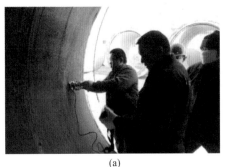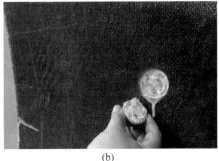

(a)	(b)

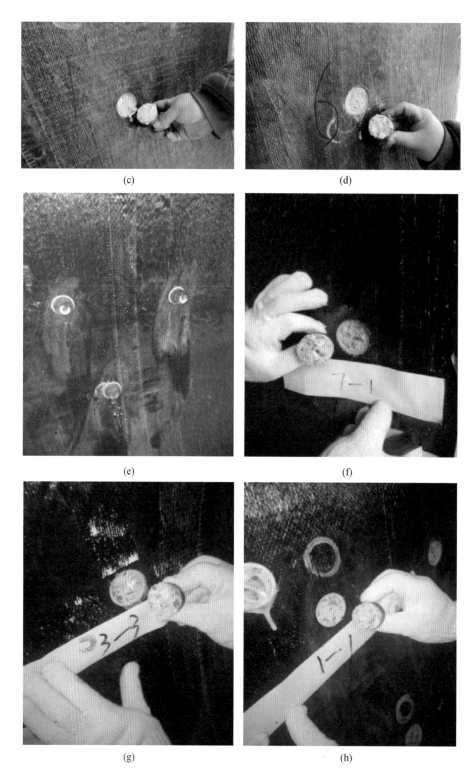

(c)

(d)

(e)

(f)

(g)

(h)

图 5-60　试验管试验图片

5.2.1.4 结论

（1）内压管断丝区拉拔强度平均值为 1.855MPa，非断丝区拉拔强度平均值为 2.791MPa，非断丝区拉拔强度明显高于非断丝区的数值。外压管全部为断丝区拉拔试验，拉拔强度平均值为 2.856MPa。

（2）由于断丝区管芯混凝土的变形量大于非断丝区，而混凝土与 CFRP 的变形不协调，剪切作用明显，碳纤维与管芯混凝土的粘接面受到了削弱，导致断丝区拉拔强度明显低于非断丝区的拉拔强度。

5.2.2 拉伸强度和弹性模量试验

拉伸强度和弹性模量试验方法依据《纤维增强塑料拉伸性能试验方法》（GB/T 1447—2005）。

5.2.2.1 试验过程

CFRP 拉伸强度试验图片如图 5-61 所示。

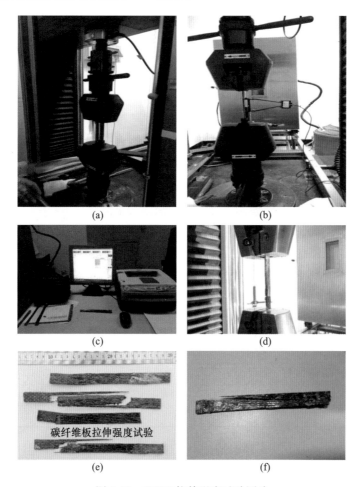

(a)　　　　　　　　　　(b)

(c)　　　　　　　　　　(d)

碳纤维板拉伸强度试验

(e)　　　　　　　　　　(f)

图 5-61　CFRP 拉伸强度试验图片

5.2.2.2　试验结果

1）CFRP 环向拉伸强度和弹性模量

（1）碳纤维板环 A2-1（表 5-7）

表 5-7　碳纤维板拉伸试验报告

名称		拉伸速率		温度	
碳纤维板环 A2-1		2mm/min		21 ℃	
试验样本	宽度 /mm	厚度 /mm	拉伸强度 /MPa	断裂伸长率 /%	拉伸模量 /GPa	最大力 /N
第 1 根	16.30	1.50	477.44	1.77	25.56	11673.40
第 2 根	15.20	1.40	485.69	1.73	30.37	10335.41
第 3 根	15.60	1.50	495.84	1.84	29.57	11602.72
第 4 根	15.40	1.50	451.11	1.47	27.33	10420.67
第 5 根	12.90	1.50	447.52	1.06	28.10	8659.45
平均值	15.08	1.48	471.52	1.574	28.186	—

由于原型试验是破坏性试验，而碳纤维板环 A2-1 为一纵一环 2 层，PCCP 断丝破坏过程中，除了保护层砂浆和管芯混凝土开裂、钢筒屈服外，粘贴在管芯混凝土内侧的 CFRP 也受到损伤，部分碳丝被拉断，使得 CFRP 的拉伸强度、弹性模量、剪切强度和弯曲强度降低。从 CFRP 应力应变曲线也可以看出，室内试验过程中有碳丝拉断，所以总体来说，原型试验和室内试验中部分碳丝拉断，对 CFRP 的强度和弹性模量有影响，降低了 CFRP 的拉伸强度、弹性模量、剪切强度和弯曲强度。

（2）碳纤维板环 A5-4（表 5-8）

表 5-8　碳纤维板拉伸试验报告

名称		拉伸速率		温度	
碳纤维板环 A5-4		2mm/min		23 ℃	
试验样本	宽度 /mm	厚度 /mm	拉伸强度 /MPa	断裂伸长率 %	拉伸模量 /GPa	最大力 /N
第 1 根	15.20	2.50	730.66	1.02	65.55	27764.90
第 2 根	14.80	2.50	772.11	1.27	61.80	28568.10
第 3 根	14.70	2.60	557.63	0.88	66.25	21312.50
第 4 根	14.60	2.50	690.50	0.87	72.47	25203.36
第 5 根	13.40	2.50	668.88	1.10	58.34	22407.37
平均值	14.54	2.52	683.956	1.028	64.882	

碳纤维板环 A5-4 为 1 纵 4 环组成的 CFRP，尽管 CFRP 较厚，但原型试验是破坏性试验。对粘贴在管芯混凝土内侧的 CFRP 也造成损伤，部分碳丝被拉断，使得 CFRP 的拉伸强度、弹性模量、剪切强度和弯曲强度降低。从 CFRP 应力应变曲线也可以看出，室内试验过程中有碳丝拉断，降低了 CFRP 的拉伸强度、弹性模量、剪切强度和弯曲强度。

（3）碳纤维板顶环 A4-3（表 5-9）

表 5-9 碳纤维板拉伸试验报告

名称		拉伸速率			温度	
碳纤维板顶环 A4-3		2 mm/min			23 ℃	
试验样本	宽度/mm	厚度/mm	拉伸强度/MPa	断裂伸长率/%	拉伸模量/GPa	最大力/N
第 1 根	14.00	2.56	769.43	1.01	72.47	27576.44
第 2 根	17.50	2.70	519.17	0.82	62.37	24530.61
第 3 根	16.40	2.70	803.61	1.16	68.47	35583.96
第 4 根	15.00	2.40	766.73	1.14	71.79	27602.24
第 5 根	11.30	2.50	737.75	1.09	68.05	20841.34
平均值	14.84	2.572	719.338	1.044	68.63	—

（4）碳纤维板底环 A3-6（表 5-10）

表 5-10 碳纤维板拉伸试验报告

名称		拉伸速率			温度	
碳纤维板底环 A3-6		2mm/min			23℃	
试验样本	宽度/mm	厚度/mm	拉伸强度/MPa	断裂伸长率/%	拉伸模量/GPa	最大力/N
第 1 根	14.60	2.60	682.57	1.14	62.43	25910.41
第 2 根	14.80	2.70	698.79	1.03	70.09	27923.55
第 3 根	13.70	2.56	682.07	1.19	54.91	23921.47
第 4 根	15.20	3.20	390.01	0.80	47.66	18969.87
第 5 根	13.70	2.70	671.76	0.97	62.98	24848.55
平均值	14.4	2.752	625.04	1.026	59.614	—

（5）碳纤维板底环 A4-2（表 5-11）

表 5-11 碳纤维板拉伸试验报告

名称		拉伸速率			温度	
碳纤维板底环 A4-2		2mm/min			23℃	
试验样本	宽度/mm	厚度/mm	拉伸强度/MPa	断裂伸长率/%	拉伸模量/GPa	最大力/N
第 1 根	14.20	2.70	649.00	1.06	58.68	24882.53
第 2 根	13.60	2.30	376.90	0.53	70.02	11789.42
第 3 根	13.20	2.20	628.28	0.95	55.41	18245.19
第 4 根	13.30	2.30	627.17	0.73	85.30	19185.09
第 5 根	13.80	2.30	819.01	1.33	64.65	25995.35
平均值	13.62	2.36	620.072	0.92	66.812	—

（6）碳纤维板环 A5-6（表5-12）

表5-12　碳纤维板拉伸试验报告

名称		拉伸速率		温度	
碳纤维板环 A5-6		2mm/min		23℃	

试验样本	宽度/mm	厚度/mm	拉伸强度/MPa	断裂伸长率/%	拉伸模量/GPa	最大力/N
第1根	14.50	3.00	780.22	1.34	51.97	33939.42
第2根	11.90	2.80	756.08	1.18	56.54	25192.46
第3根	15.30	3.10	854.70	4.10	51.15	40538.61
第4根	15.40	2.70	748.65	1.24	60.24	31128.84
第5根	16.30	3.20	848.96	1.22	67.22	44281.88
平均值	14.68	2.96	797.722	1.816	57.424	—

（7）碳板环 A5-2（表5-13）

表5-13　碳纤维板拉伸试验报告

名称		拉伸速率		温度	
碳板环 A5-2		2mm/min		23℃	

试验样本	宽度/mm	厚度/mm	拉伸强度/MPa	断裂伸长率/%	拉伸模量/GPa	最大力/N
第1根	15.30	2.80	722.07	1.27	49.96	30933.33
第2根	15.20	2.50	811.99	1.21	70.85	30855.77
第3根	15.10	2.40	666.47	1.17	70.11	24152.71
第4根	14.70	2.90	668.10	1.15	52.84	28481.09
第5根	14.20	2.50	668.85	0.81	61.45	23744.06
平均值	14.9	2.62	707.496	1.122	61.042	—

（8）碳纤维板顶环 A3-2（表5-14）

表5-14　碳纤维板拉伸试验报告

名称		拉伸速率		温度	
碳纤维板顶环 A3-2		2mm/min		23℃	

试验样本	宽度/mm	厚度/mm	拉伸强度/MPa	断裂伸长率/%	拉伸模量/GPa	最大力/N
第1根	15.20	2.90	873.80	1.47	54.63	38517.14
第2根	14.30	2.90	845.74	1.41	63.13	35072.75
第3根	13.50	3.00	810.46	2.80	81.76	32823.71
第4根	16.90	3.10	828.63	1.14	73.52	43411.85
第5根	17.10	3.20	831.48	1.13	76.51	45498.39
平均值	15.4	3.02	838.022	1.59	69.91	

（9）碳纤维板侧环 A3-4（表 5-15）

表 5-15 碳纤维板拉伸试验报告

名称		拉伸速率		温度	
碳纤维板侧环 A3-4		2mm/min		23℃	
试验样本	宽度/mm	厚度/mm	拉伸强度/MPa	断裂伸长率/%	拉伸模量/GPa	最大力/N
第1根	15.00	2.40	915.90	1.37	74.30	32972.43
第2根	15.20	2.50	859.66	1.60	60.92	32667.15
第3根	15.80	2.30	924.98	3.59	76.08	33613.93
第4根	15.20	2.40	838.68	1.17	68.63	30595.19
第5根	15.30	2.50	829.09	1.00	80.13	31712.65
平均值	15.3	2.42	873.662	1.746	72.012	

（10）碳纤维板侧环 A4-1（表 5-16）

表 5-16 碳纤维板拉伸试验报告

名称		拉伸速率		温度	
碳纤维板侧环 A4-1		2mm/min		22℃	
试验样本	宽度/mm	厚度/mm	拉伸强度/MPa	断裂伸长率/%	拉伸模量/GPa	最大力/N
第1根	14.50	2.30	871.46	1.22	67.98	29063.29
第2根	14.00	3.00	933.67	1.33	69.14	39213.94
第3根	14.60	2.30	958.37	1.53	61.30	32182.21
第4根	12.80	2.70	764.00	1.06	63.05	26404.00
第5根	15.40	2.60	790.31	1.12	60.78	31643.90
平均值	14.26	2.58	863.562	1.252	64.45	

2）CFRP 纵向拉伸强度和弹性模量

（1）碳纤维板纵 A2-2（表 5-17）

表 5-17 CFRP 拉伸试验报告

名称		拉伸速率		温度	
碳纤维板纵 A2-2		2mm/min		21℃	
试验样本	宽度/mm	厚度/mm	拉伸强度/MPa	断裂伸长率/%	拉伸模量/GPa	最大力/N
第1根	12.30	1.30	460.36	1.31	38.82	7361.21
第2根	15.30	1.50	500.37	1.81	27.52	11483.49
第3根	15.60	1.50	396.30	1.39	28.02	9273.39
第4根	14.80	1.40	482.63	1.49	30.85	10000.16
第5根	13.00	1.30	255.79	1.56	28.06	4322.91
平均值	14.2	1.4	419.09	1.512	30.654	—

由于碳纤维板纵 A2-2 为一纵一环 2 层，纵向效应明显，尽管 PCCP 断丝破坏过程中 CFRP 受到损伤部分碳丝被拉断，使得 CFRP 的拉伸强度、弹性模量、剪切强度和弯曲强度降低，室内试验过程中有碳丝拉断，但由于纵向碳纤维的作用，相对有多层环向碳纤维的 CFRP 来说，CFRP 的拉伸强度、弹性模量、剪切强度和弯曲强度处于较高水平。

（2）碳纤维板侧纵 A3-3（表 5-18）

表 5-18　碳纤维板拉伸试验报告

名称 碳纤维板侧纵 A3-3		拉伸速率 2mm/min			温度 23℃	
试验样本	宽度 /mm	厚度 /mm	拉伸强度 /MPa	断裂伸长率 /%	拉伸模量 /GPa	最大力 /N
第 1 根	14.50	2.60	244.35	1.31	15.20	9212.01
第 2 根	14.00	2.80	244.63	1.64	16.41	9589.58
第 3 根	13.80	2.70	226.44	1.35	18.05	8437.34
第 4 根	13.70	2.60	256.48	1.37	18.94	9135.89
第 5 根	16.60	2.60	271.28	1.25	20.30	11708.33
平均值	14.52	2.66	248.636	1.384	17.78	

碳纤维板侧纵 A3-3 为 1 纵 4 环 5 层，相对一纵一环 2 层 CFRP 来说，纵向效应明显削弱。碳纤维板侧环 A3-4 拉伸强度和弹性模量分别为 873.662MPa 和 72.012GPa，而碳纤维板侧纵 A3-3 拉伸强度和弹性模量分别为 248.636MPa 和 17.78GPa，CFRP 的拉伸强度和弹性模量降低很大。

（3）碳纤维板顶纵 A3-1（表 5-19）

表 5-19　碳纤维板拉伸试验报告

名称 碳纤维板顶纵 A3-1		拉伸速率 2mm/min			温度 23℃	
试验样本	宽度 /mm	厚度 /mm	拉伸强度 /MPa	断裂伸长率 /%	拉伸模量 /GPa	最大力 /N
第 1 根	13.90	3.80	175.70	1.53	13.95	9280.60
第 2 根	14.10	3.90	158.00	0.33	13.48	8688.61
第 3 根	15.00	4.20	162.18	0.37	10.24	10217.30
第 4 根	16.40	4.10	164.30	0.27	13.06	11047.75
第 5 根	17.40	4.20	152.40	0.24	14.34	11137.66
平均值	15.36	4.04	162.516	0.548	13.014	

（4）碳纤维板纵 A5-3（表 5-20）

表 5-20　碳纤维板拉伸试验报告

名称		拉伸速率		温度	
碳纤维板纵 A5-3		2 mm/min		23 ℃	

试验样本	宽度 /mm	厚度 /mm	拉伸强度 /MPa	断裂伸长率 /%	拉伸模量 /GPa	最大力 /N
第1根	16.30	2.60	91.27	1.14	6.62	3867.94
第2根	15.00	2.80	17.00	0.15	14.75	713.93
第3根	15.80	2.50	77.04	0.59	9.27	3043.27
第4根	9.80	2.10	82.04	0.67	17.72	1688.30
第5根	7.00	3.00	266.28	1.11	15.77	5591.82
平均值	12.78	2.6	106.726	0.732	12.826	

（5）碳纤维板底纵 A3-5（表 5-21）

表 5-21　碳纤维板拉伸试验报告

名称		拉伸速率		温度	
碳纤维板底纵 A3-5		2mm/min		23℃	

试验样本	宽度 /mm	厚度 /mm	拉伸强度 /MPa	断裂伸长率 /%	拉伸模量 /GPa	最大力 /N
第1根	14.80	2.70	245.16	0.11	18.93	9796.47
第2根	14.70	2.90	249.63	2.12	22.64	10641.82
第3根	14.60	2.60	230.26	1.07	25.98	8740.70
第4根	12.70	2.40	310.37	1.56	24.97	9460.09
第5根	15.30	2.60	298.81	0.70	23.66	11886.69
平均值	14.42	2.64	266.846	1.112	23.236	

（6）碳纤维板纵 A5-5（表 5-22）

表 5-22　碳纤维板拉伸试验报告

名称		拉伸速率		温度	
碳纤维板纵 A5-5		2mm/min		22℃	

试验样本	宽度 /mm	厚度 /mm	拉伸强度 /MPa	断裂伸长率 /%	拉伸模量 /GPa	最大力 /N
第1根	13.00	2.90	170.68	0.71	16.82	6434.77
第2根	15.40	3.00	176.11	1.35	34.65	8136.37
第3根	15.70	2.70	180.83	0.41	17.21	7665.54
第4根	13.10	3.30	125.97	0.55	17.43	5445.50
第5根	16.60	2.80	195.62	0.28	16.03	9092.30
平均值	14.76	2.94	169.842	0.66	20.428	

（7）碳纤维板纵 A4-4（表 5-23）

表 5-23　碳纤维板拉伸试验报告

名称 碳纤维板纵 A4-4		拉伸速率 2mm/min			温度 22℃	
试验样本	宽度 /mm	厚度 /mm	拉伸强度 /MPa	断裂伸长率 /%	拉伸模量 /GPa	最大力 /N
第 1 根	17.10	2.10	21.84	0.32	6.30	784.45
第 2 根	16.40	2.90	6.79	0.11	4.92	323.07
第 3 根	16.30	2.20	20.18	0.26	7.08	723.55
第 4 根	16.40	2.20	23.76	0.30	6.95	857.37
第 5 根	16.30	2.30	21.03	0.26	7.20	788.46
平均值	16.5	2.34	18.72	0.25	6.49	—

碳纤维板纵 A4-4 为 0 纵 4 环 4 层，无纵向碳纤维，纵向拉伸实际上反映的是环氧浸渍树脂的拉伸强度。与同样粘贴方式的碳纤维板侧环 A4-1 相比，碳纤维板侧环 A4-1 的拉伸强度和弹性模量分别为 863.562MPa 和 64.45GPa，而碳纤维板纵 A4-4 的拉伸强度和弹性模量分别为 18.72MPa 和 6.49GPa，结果相差很大。说明如果没有纵向碳纤维的约束，在 PCCP 断丝部位的纵向变形将使 CFRP 拉裂，使用 CFRP 补强加固断丝 PCCP 时，含有一层纵向碳纤维是十分必要的。

（8）碳纤维板纵 A5-1（表 5-24）

表 5-24　碳纤维板拉伸试验报告

名称 碳纤维板纵 A5-1		拉伸速率 2mm/min			温度 22℃	
试验样本	宽度 /mm	厚度 /mm	拉伸强度 /MPa	断裂伸长率 /%	拉伸模量 /GPa	最大力 /N
第 1 根	13.00	2.70	147.13	1.02	9.53	5164.26
第 2 根	13.60	2.40	139.76	0.60	10.79	4561.70
第 3 根	17.10	2.80	137.02	1.23	7.90	6560.41
第 4 根	19.10	2.80	213.13	0.48	16.11	11398.07
第 5 根	16.80	2.90	43.47	0.43	7.16	2117.78
平均值	15.7	2.675	159.26	0.8325	11.0825	

3）无纵向 CFRP 的平均拉伸强度和弹性模量

由于原型试验是破坏性试验，PCCP 断丝破坏过程中，除了保护层砂浆和管芯混凝土开裂、钢筒屈服外，粘贴在管芯混凝土内侧的 CFRP 也受到损伤，部分碳丝被拉断，使得 CFRP 的拉伸强度、弹性模量、剪切强度和弯曲强度降低。

无纵向 CFRP 的环向试件与纵向试件的平均拉伸强度和弹性模量试验结果差异很大，无纵向 CFRP 的环向试件的拉伸强度和弹性模量的平均值分别为 734.324MPa 和

66.631GPa，而纵向试件的平均值只有 18.72MPa 和 6.49GPa，各向异性明显（表 5-25、表 5-26）。

表 5-25　无纵向 CFRP 的环向试件的平均拉伸强度和弹性模量

碳纤维板名称	宽度/mm	厚度/mm	拉伸强度/MPa	断裂伸长率/%	拉伸模量/GPa
碳纤维板顶环 A4-3	14.84	2.572	719.338	1.044	68.63
碳纤维板底环 A4-2	13.62	2.36	620.072	0.92	66.812
碳纤维板侧环 A4-1	14.26	2.58	863.562	1.252	64.45
平均值	14.24	2.504	734.324	1.072	66.631

表 5-26　无纵向 CFRP 的纵向试件的平均拉伸强度和弹性模量

碳纤维板名称	宽度/mm	厚度/mm	拉伸强度/MPa	断裂伸长率/%	拉伸模量/GPa
碳纤维板顶环 A4-4	16.5	2.34	18.72	0.25	6.49
平均值	16.5	2.34	18.72	0.25	6.49

4）带纵向 CFRP 层拉伸的平均强度和弹性模量

纵向 CFRP 层拉伸的平均强度和弹性模量见表 5-27。

表 5-27　纵向 CFRP 层拉伸的平均强度和弹性模量

碳纤维板名称	宽度/mm	厚度/mm	拉伸强度/MPa	断裂伸长率/%	拉伸模量/GPa
碳纤维板顶环 A2-1	15.08	1.48	471.52	1.574	28.186
碳纤维板顶环 A5-4	14.54	2.52	683.956	1.028	64.882
碳纤维板底环 A3-6	14.4	2.752	625.04	1.026	59.641
碳纤维板顶环 A5-6	14.68	2.96	797.722	1.726	57.424
碳纤维板顶环 A5-2	14.9	2.62	707.496	1.122	61.042
碳纤维板顶环 A3-2	15.4	3.02	838.022	1.59	69.91
碳纤维板侧环 A3-4	15.3	2.42	873.662	1.746	72.012
平均值	14.9	2.72	754.316	1.388	64.147

第一组碳纤维板试验结果见表 5-28。

表 5-28　第一组碳纤维板试验结果

碳纤维板名称	宽度/mm	厚度/mm	拉伸强度/MPa	断裂伸长率/%	拉伸模量/GPa
碳纤维板纵 A2-2	14.2	1.4	419.09	1.512	30.654
碳纤维板侧纵 A3-3	14.52	2.66	248.636	1.384	17.78
碳纤维板顶纵 A3-1	15.36	4.04	162.516	0.548	13.014
碳纤维板纵 A5-3	12.78	2.6	106.726	0.732	12.826
碳纤维板底纵 A3-5	14.42	2.64	266.846	1.112	23.236
碳纤维板纵 A5-5	14.76	2.94	169.842	0.66	20.428
碳纤维板纵 A5-1	15.7	2.675	159.26	0.8325	11.0825
平均值	14.59	2.926	185.638	0.878	16.394

5.2.2.3　小结

有纵向 CFRP 的环向试件与纵向试件的平均拉伸强度和弹性模量试验结果差异也较

大，环向试件的拉伸强度和弹性模量的平均值分别为 754.316MPa 和 64.147GPa，而纵向试件的平均值只有 185.638MPa 和 16.394GPa，各向异性明显，但比无纵向 CFRP 的拉伸强度和弹性模量平均值提高很大。说明如果没有纵向碳纤维的约束，在 PCCP 断丝部位的纵向变形将使 CFRP 拉裂，使用 CFRP 补强加固断丝 PCCP 时，含有一层纵向碳纤维是十分必要的。

5.2.3 剪切试验

剪切强度的试验方法依据《纤维增强塑料 短梁法测定层间剪切强度》（JC/T 733—2010）。

5.2.3.1 试验过程

CFRP 剪切试验图片如图 5-62 所示。

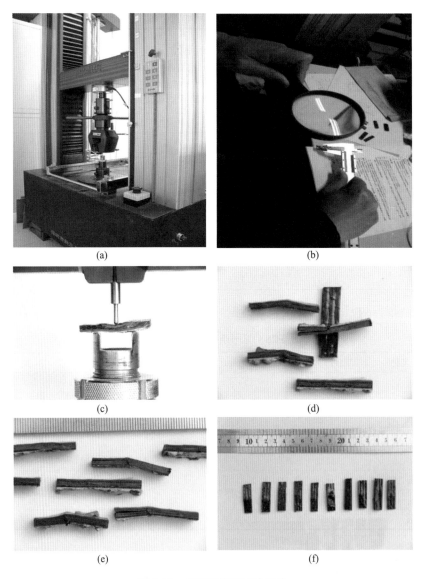

(a)

(b)

(c)

(d)

(e)

(f)

图 5-62　CFRP 剪切试验图片

5.2.3.2　试验结果

1）CFRP 环向剪切强度

（1）碳纤维板环 A4-1（表 5-29）

表 5-29　层间剪切试验报告

执行标准				试验温度
JC/T 733—2010				
加荷速度 2mm/min		跨距 15mm		20℃

试验样本	试样宽度/mm	试样厚度/mm	最大力/N	强度/MPa
第 1 根	6.90	3.50	861.69	26.76
第 2 根	7.50	2.90	871.79	30.06
第 3 根	8.60	2.80	986.69	30.73
第 4 根	8.20	2.50	779.00	28.50
第 5 根	6.90	2.70	629.48	25.34
第 6 根	7.20	2.90	746.31	26.81
第 7 根	7.50	2.70	699.03	25.89
第 8 根	7.30	2.80	688.78	25.27
第 9 根	7.20	2.80	644.71	23.98
第 10 根	7.10	2.70	594.39	23.25
平均值	7.44	2.83	750.187	26.659

（2）碳纤维板底环 A3-6（表 5-30）

表 5-30　层间剪切试验报告

执行标准				试验温度
JC/T 733—2010				
加荷速度 2mm/min		跨距 13mm		20℃

试验样本	试样宽度/mm	试样厚度/mm	最大力/N	强度/MPa
第 1 根	7.10	3.40	962.82	29.91
第 2 根	7.80	2.80	949.83	32.62
第 3 根	7.80	2.80	910.73	31.28
第 4 根	7.30	2.40	779.00	33.35
第 5 根	8.20	2.30	826.92	32.88
第 6 根	8.50	2.60	1009.93	34.27
第 7 根	8.60	3.20	1215.54	33.13
第 8 根	8.30	3.40	1166.98	31.01
第 9 根	7.50	3.00	993.27	33.11
第 10 根	8.00	2.90	1015.70	32.84
平均值	7.91	2.88	983.072	32.44

（3）碳纤维板环 A5-4（表 5-31）

表 5-31 层间剪切试验报告

执行标准
JC/T 733—2010

试验温度

加荷速度
2mm/min

跨距 13mm

20℃

试验样本	试样宽度/mm	试样厚度/mm	最大力/N	强度/MPa
第 1 根	8.60	2.80	1170.19	36.45
第 2 根	6.60	2.40	720.35	34.11
第 3 根	7.10	2.80	867.14	32.71
第 4 根	7.00	2.80	791.02	30.27
第 5 根	6.70	2.70	713.78	29.59
第 6 根	5.20	3.10	650.47	30.26
第 7 根	7.20	3.50	1114.74	33.18
第 8 根	8.40	2.70	1114.26	36.85
第 9 根	5.00	2.40	556.72	34.80
平均值	6.87	2.8	855.41	33.14

（4）碳纤维板环 A5-6（表 5-32）

表 5-32 层间剪切试验报告

执行标准
JC/T 733—2010

试验温度

加荷速度
2mm/min

跨距 15mm

20℃

试验样本	试样宽度/mm	试样厚度/mm	最大力/N	强度/MPa
第 1 根	5.20	3.20	744.22	33.54
第 2 根	5.90	3.00	878.69	37.23
第 3 根	5.20	3.40	831.40	35.27
第 4 根	5.80	3.40	1020.82	38.82
第 5 根	6.50	3.30	1089.74	38.10
第 6 根	5.50	3.30	797.59	32.96
第 7 根	6.30	4.00	1119.86	33.33
第 8 根	5.80	3.40	872.27	33.17
第 9 根	5.40	3.40	952.56	38.91
第 10 根	6.50	3.50	1124.19	37.06
平均值	5.81	3.39	943.134	35.839

（5）碳纤维板侧环 A3-4（表 5-33）

表 5-33 层间剪切试验报告

执行标准
JC/T 733—2010

加荷速度
2mm/min

跨距 13mm

试验温度

20℃

试验样本	试样宽度/mm	试样厚度/mm	最大力/N	强度/MPa
第 1 根	6.10	2.40	602.72	30.88
第 2 根	5.80	2.60	718.91	35.75
第 3 根	6.40	3.00	804.48	31.43
第 4 根	6.70	3.00	827.72	30.89
第 5 根	7.90	3.30	1049.03	30.18
第 6 根	6.80	3.30	921.95	30.81
第 7 根	6.20	3.00	839.89	33.87
第 8 根	6.00	2.60	633.49	30.46
第 9 根	6.50	3.20	830.60	29.95
平均值	6.49	2.94	803.2	31.58

2）CFRP 纵向剪切强度

（1）碳纤维板侧纵 A3-3（表 5-34）

表 5-34 层间剪切试验报告

执行标准
JC/T 733—2010

加荷速度
2mm/min

跨距 13mm

试验温度

20℃

试验样本	试样宽度/mm	试样厚度/mm	最大力/N	强度/MPa
第 1 根	6.10	3.10	562.97	22.33
第 2 根	5.20	3.10	370.51	17.24
第 3 根	5.40	3.10	455.44	20.41
第 4 根	6.10	3.40	528.52	19.11
第 5 根	6.50	3.40	584.62	19.84
第 6 根	6.30	3.50	529.17	18.00
第 7 根	6.10	3.60	554.48	18.94
第 8 根	6.10	2.80	483.81	21.24
第 9 根	6.60	3.00	599.03	22.69
平均值	6.04	3.22	518.73	19.98

（2）碳纤维板纵 A5-5（表 5-35）

表 5-35　层间剪切试验报告

执行标准　　　　　　　　　　　　　　　　　　　　　　　　　　试验温度

JC/T 733—2010

加荷速度　　　　　　　　　　　跨距 13mm　　　　　　　　　20℃

2mm/min

试验样本	试样宽度/mm	试样厚度/mm	最大力/N	强度/MPa
第 1 根	7.00	2.80	736.69	28.19
第 2 根	7.80	2.90	762.01	25.27
第 3 根	7.10	2.30	536.05	24.62
第 4 根	6.80	2.50	541.82	23.90
第 5 根	7.90	2.70	628.52	22.10
第 6 根	7.40	2.50	647.27	26.24
第 7 根	6.60	2.40	446.63	21.15
第 8 根	7.70	3.10	649.36	20.40
平均值	7.29	2.65	618.54	24

3）CFRP 环向试件平均剪切强度（表 5-36）

表 5-36　CFRP 环向试件平均剪切强度

碳纤维板名称	剪切强度
	MPa
碳纤维板环 A4-1	26.659
碳纤维板底环 A3-6	32.44
碳纤维板环 A5-4	33.14
碳纤维板环 A5-6	35.839
碳纤维板侧环 A3-4	31.58
平均值	31.93

4）CFRP 纵向试件平均剪切强度（表 5-37）

表 5-37　CFRP 纵向试件平均剪切强度

碳纤维板名称	剪切强度
	MPa
碳纤维板侧纵 A3-3	19.98
碳纤维板纵 A5-5	24
平均值	22

5.2.3.3　小结

有纵向 CFRP 的环向试件与纵向试件的剪切强度试验结果差异不大，环向试件剪切强度的平均值为 31.93MPa，纵向试件剪切强度的平均值为 22MPa，各向异性不明显，表明 CFRP 具有较好的抗弯曲性能。

5.2.4 弯曲强度试验

弯曲强度的试验方法依据《纤维增强塑料弯曲性能试验方法》(GB/T 1449—2005)。

5.2.4.1 试验过程

CFRP 弯曲强度试验图片如图 5-63 所示。

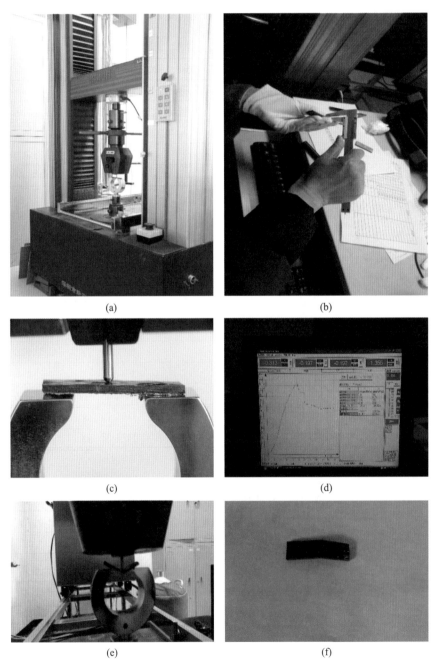

图 5-63 CFRP 弯曲强度试验图片

5.2.4.2　试验结果

1）CFRP 环向弯曲强度

（1）碳纤维板底环 A3-6（表5-38）

表5-38　纤维增强塑料弯曲性能试验报告

执行标准 GB/T 1449—2005		材料名称 碳纤维板底环 A3-6		试验温度 20 ℃
试样厚度 2.7mm		试样宽度 14.2mm		标距 30.5 mm

试样	试样厚度（h）/mm	试样宽度（b）/mm	破坏载荷（P）/N	强度/MPa
第 1 根	2.70	14.20	1144.86	505.98
第 2 根	2.70	16.70	1408.97	529.48
第 3 根	2.60	15.10	1180.12	528.92
第 4 根	2.60	15.20	1131.09	503.61
平均值	2.65	15.3	1216.26	517

（2）碳纤维板侧环 A3-4（表5-39）

表5-39　纤维增强塑料弯曲性能试验报告

执行标准 GB/T 1449—2005		材料名称 碳纤维板侧环 A3-4		试验温度 20℃
试样厚度 2.7mm		试样宽度 12.7mm		标距 30.5mm

试样	试样厚度（h）/mm	试样宽度（b）/mm	破坏载荷（P）/N	强度/MPa
第 1 根	2.70	12.70	1055.29	521.47
第 2 根	2.60	13.00	950.48	494.82
第 3 根	2.60	13.50	997.75	500.19
第 4 根	2.80	13.50	1292.15	558.54
平均值	2.675	13.175	1073.92	518.755

（3）碳纤维板环 A5-4（表5-40）

表5-40　纤维增强塑料弯曲性能试验报告

执行标准 GB/T 1449—2005		材料名称 碳纤维板环 A5-4		试验温度 20℃
试样厚度 3.6mm		试样宽度 16.3mm		标距 30.5mm

试样	试样厚度（h）/mm	试样宽度（b）/mm	破坏载荷（P）/N	强度/MPa
第 1 根	3.60	16.30	1225.95	265.50
第 2 根	3.50	15.60	1355.28	324.46
第 3 根	3.40	15.10	1264.10	331.31
第 4 根	3.30	17.90	1745.67	409.71
平均值	3.45	16.225	1397.75	332.745

（4）碳纤维板环 A5-6（表 5-41）

表 5-41　纤维增强塑料弯曲性能试验报告

执行标准　　　　　　　　　　材料名称　　　　　　　　　试验温度
GB/T 1449—2005　　　　　　　碳纤维板环 A5-6　　　　　　20℃

试样厚度　　　　　　　　　　试样宽度　　　　　　　　　标距
3.4mm　　　　　　　　　　　14.9mm　　　　　　　　　30.5mm

试样	试样厚度（h）/mm	试样宽度（b）/mm	破坏载荷（P）/N	强度/MPa
第1根	3.40	14.90	1449.19	384.92
第2根	3.20	15.70	1364.26	388.23
第3根	3.40	15.50	1534.62	391.83
第4根	3.30	15.00	1357.85	380.30
第5根	3.10	15.00	1199.35	380.65
平均值	3.28	15.22	1381.05	385.186

2）CFRP 纵向弯曲强度

（1）碳纤维板侧纵 A3-3（表 5-42）

表 5-42　纤维增强塑料弯曲性能试验报告

执行标准　　　　　　　　　　材料名称　　　　　　　　　试验温度
GB/T 1449—2005　　　　　　　碳纤维板侧纵 A3-3　　　　　20℃

试样厚度　　　　　　　　　　试样宽度　　　　　　　　　标距
3.2mm　　　　　　　　　　　11mm　　　　　　　　　　30.5mm

试样	试样厚度（h）/mm	试样宽度（b）/mm	破坏载荷（P）/N	强度/MPa
第1根	3.20	11.00	99.52	40.42
第2根	3.50	11.10	138.13	46.48
第3根	3.60	12.30	152.56	43.78
第4根	3.40	11.20	115.86	40.94
平均值	3.425	11.4	126.518	42.905

（2）碳纤维板纵 A5-5（表 5-43）

表 5-43　纤维增强塑料弯曲性能试验报告

执行标准　　　　　　　　　　材料名称　　　　　　　　　试验温度
GB/T 1449—2005　　　　　　　碳纤维板纵 A5-5　　　　　　20℃

试样厚度　　　　　　　　　　试样宽度　　　　　　　　　标距
3.7mm　　　　　　　　　　　14.9mm　　　　　　　　　30.5mm

试样	试样厚度（h）/mm	试样宽度（b）/mm	破坏载荷（P）/N	强度/MPa
第1根	3.70	14.90	974.03	218.46
第2根	3.60	18.10	1068.43	208.38
第3根	3.50	16.60	967.78	217.73
第4根	3.20	18.00	1340.54	332.74
平均值	3.5	16.9	1087.7	244.3275

3）CFRP 环向平均弯曲强度

CFRP 环向弯曲强度试验结果见表 5-44。

表 5-44　CFRP 环向弯曲强度试验结果

碳纤维板名称	弯曲强度/MPa
碳纤维板底环 A3-6	517
碳纤维板侧环 A3-4	518.755
平均值	517.88

4）CFRP 纵向平均弯曲强度

CFRP 纵向弯曲强度试验结果见表 5-45。

表 5-45　CFRP 纵向弯曲强度试验结果

碳纤维板名称	弯曲强度/MPa
碳纤维板侧纵 A3-3	42.905
平均值	42.905

5.2.4.3　小结

有纵向 CFRP 的环向试件与纵向试件的弯曲强度试验结果差异很大，环向试件弯曲强度的平均值分别为 517.88MPa，纵向试件弯曲强度的平均值为 42.905MPa，各向异性明显。因为只有一层纵向碳纤维，对提高抗弯能力不显著。表明受拉方向的 CFRP 具有较好的抗弯曲性能。

5.2.5　室内 CFRP 性能试验结论

粘贴 CFRP 的 PCCP 在内压和外压试验结束后，对 CFRP 进行了拉拔试验，同时为了检测 CFRP 的力学性能，从不同试验管上切割一定数量的 CFRP，在中国水利水电科学研究院实验室进行拉伸强度、弹性模量、剪切强度和弯曲强度试验。试验结论如下：

（1）由于原型试验是破坏性试验，PCCP 断丝破坏过程中，除了保护层砂浆和管芯混凝土开裂、钢筒屈服外，粘贴在管芯混凝土内侧的 CFRP 也受到损伤，部分碳丝被拉断，使得 CFRP 的拉伸强度、弹性模量、剪切强度和弯曲强度降低。

（2）无纵向 CFRP 的环向试件与纵向试件的平均拉伸强度和弹性模量试验结果差异很大，无纵向 CFRP 的环向试件的拉伸强度和弹性模量的平均值分别为 734.324MPa 和 66.631GPa，而纵向试件的平均值只有 18.72MPa 和 6.49GPa，各向异性明显。

（3）有纵向 CFRP 的环向试件与纵向试件的平均拉伸强度和弹性模量试验结果差异也较大，环向试件的拉伸强度和弹性模量的平均值分别为 754.316MPa 和 64.147GPa，而纵向试件的平均值只有 185.638MPa 和 16.394GPa，各向异性明显。但比无纵向 CFRP 的拉伸强度和弹性模量平均值提高很多。说明如果没有纵向碳纤维的约束，在 PCCP 断丝部位的纵向变形将使 CFRP 拉裂，使用 CFRP 补强加固断丝 PCCP 时，含有一层纵向碳纤维是十分必要的。

（4）有纵向 CFRP 的环向试件与纵向试件的剪切强度试验结果差异不大，环向试件剪切强度的平均值分别为 31.93MPa，纵向试件剪切强度的平均值为 22MPa，各向异性不明显。

（5）有纵向 CFRP 的环向试件与纵向试件的弯曲强度试验结果差异很大，环向试件弯曲强度的平均值分别为 517.88MPa，纵向试件弯曲强度的平均值为 42.905MPa，各向异性明显。因为只有一层纵向碳纤维，对提高抗弯能力不显著。

5.3　结　　论

5.3.1　原型试验结论

5.3.1.1　内压试验结论

（1）在设计内压下（1.12MPa），组成 PCCP 的各组成材料均处于线弹性阶段。在 0～2.25MPa 的逐步加载过程中，PCCP 各组成材料的力学性态发生了分化，在 0～1.8MPa 之间，PCCP 整体处于线弹性阶段，大于 1.8MPa 之后，除了 CFRP 仍处于线弹性阶段外，各组成材料进入非线性阶段。

（2）在断丝过程中，各组成材料沿管轴线不同截面不同位置的应变差别较大，断丝区的应变明显大于非断丝区的应变。内侧管芯混凝土力学性态与外侧管芯混凝土变形并不一致，内侧管芯混凝土受到钢筒变形的制约，应变随内压的不断升高，应变变化不大，基本趋于稳定。随着内压不断增加，钢筒应变值随之增大，内侧管芯混凝土的应变也应随之增大，已有裂缝进一步开展。

（3）在断丝时 CFRP 能够改善 PCCP 的应力状态，在相同内压下，断丝数有一定程度增加。CFRP 整个断丝过程中的力学特性一直处于弹性变化。

5.3.1.2　外压试验结论

（1）在整个加压过程中，砂浆和管芯混凝土沿管轴线不同截面不同位置的应变差别较大，管的底部和顶部受压，两侧管腰受拉，拉应变和压应变的变化都呈线性。钢筒和钢丝在管的底部和顶部受压，两侧管腰受拉，拉应变和压应变的变化都较小，处于弹性阶段。CFRP 的变形与内侧管芯混凝土的变形协调一致，未发生剥离现象。

（2）PCCP 在断丝过程中沿管轴线不同截面不同位置的应变差别较大，非断丝区应变小于断丝区应变。随着断丝数目的增加，外侧管芯混凝土首先在断丝区 2 腰部外侧出现纵向裂缝，内侧混凝土首先在断丝区顶拱和底拱内侧出现纵向裂缝，管芯混凝土的纵向裂缝不断扩展延伸直至贯穿。试验过程中发现一个奇特现象，在断丝过程中沿管轴线内侧混凝土应变随着断丝数目而变化，在同一位置随着断丝数增加由受压转为受拉。

（3）CFRP 在整个断丝过程中一直处于弹性变化，CFRP 厚度越大，抗弯能力越强。

5.3.2　室内试验结论

由于原型试验是破坏性试验，PCCP 断丝破坏过程中，除了保护层砂浆和管芯混凝土开裂、钢筒屈服外，粘贴在管芯混凝土内侧的 CFRP 也受到损伤，部分碳纤维丝被拉断，使得 CFRP 的拉伸强度、弹性模量、剪切强度和弯曲强度降低。无纵向 CFRP 的环向试件与纵向试件的平均拉伸强度和弹性模量试验结果差异很大，各向异性明显；剪切强度试验结果差异不大，各向异性不明显；弯曲强度试验结果差异很大，各向异性明显。

6 碳纤维补强加固数值模拟

预应力钢筒混凝土管（PCCP）由预应力钢丝和混凝土联合承载。PCCP作为一种复合管材，由混凝土、钢筒、钢丝和砂浆组成。国内尚未对断丝的PCCP修补加固展开研究，特别是用CFRP加固后的PCCP受力状况、承载机理以及破坏过程更加需要研究。因此，采用现场原型试验与数值模拟相结合的研究方法对PCCP的破坏过程进行研究。

6.1 单元类型

6.1.1 几何尺寸

对现场试验管进行模拟，采用的管型尺寸相同，均为埋置式双胶圈预应力钢筒混凝土管（PCCPDE）。加固后的PCCP包括5种材料：混凝土、砂浆、钢筒、钢丝和CFRP。PCCP模型示意图如图6-1所示。单节管长6000mm，内径为2600mm，钢筒外径2713mm，钢筒厚1.5mm，管芯壁厚220mm，砂浆厚31mm（含钢丝），钢丝直径6mm，实际缠丝间距12.4mm，CFRP经过环氧胶浸渍后粘贴于混凝土壁上，取单层厚度0.75mm。

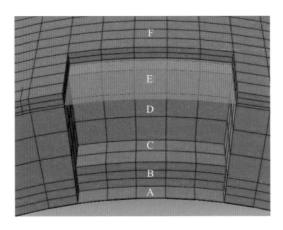

图 6-1 PCCP模型图

A—CFRP；B—内侧混凝土；C—钢筒；D—外侧混凝土；E—钢丝；F—砂浆

6.1.2 单元类型

CFRP加固PCCP有限元模拟共三种单元：CFRP、混凝土和砂浆用C3D8R单元，即三维八节点六面体减缩积分单元的实体（Solid/Continuum）单元；钢筒用 S4R 单元，即四节点四边形减缩积分应变壳（Shell）单元；钢丝采用 T3D2 单元，即三维二节点杆（Truss）单元。

6.1.3 材料参数

建模过程中参数采用实际工程中的参数，见表 6-1。

表 6-1　管材料参数

材料	自重/（kg/m³）	弹性模量/MPa	泊松比	抗压强度/MPa	抗拉强度/MPa
混凝土	2500	27862	0.2	25.3	1.96
砂浆	2350	25272	0.2	25.7	2.49
钢筒	7850	206850	0.3	225	225
钢丝	7850	193050	0.3	1570	310
CFRP	2000	75000	0.3	—	600

6.1.4 CFRP-混凝土界面特性

CFRP 与内侧混凝土之间用 Cohesive 单元连接，cohesive elements 一般基于 traction-separation 属性来模拟 CFRP-混凝土界面的黏结行为。

traction-separation 模型的材料参数可以用一个杆位移 δ 来理解，L 表示杆长，E 表示弹性刚度，A 表示杆初始截面积，P 表示轴向荷载。

$$\delta = \frac{PL}{AE} \tag{6-1}$$

方程又可以写成

$$\delta = \frac{S}{K} \tag{6-2}$$

式中，$S = P/A$，表示名义应力；$K = E/L$，表示把名义应力与位移联系起来的刚度。

假设杆的密度为 ρ，杆的总质量可以表示为：

$$M = \rho A L = \bar{\rho} A \tag{6-3}$$

方程（6-3）假设在刚度和密度能被重新解释的情况下，杆的实际长度 L 用 1.0 来代替（为了保证应变与位移相同）。特别是在涉及杆的真实长度时，会经常用到 $K = E/L$ 与 $\bar{\rho} = \rho L$ 这两个公式。这样，密度就表示为单位面积上所对应的质量而不是单位体积上所对应的质量。通过 Cohesive 单元的初始厚度 T_c 可以表示上述方程。若黏结材料的刚度和密度分别为 E_c 和 ρ_c，界面的刚度和密度可以表示为 $K_c = E_c/T_c$ 和 $\bar{\rho}_c = \rho_c T_c$。模型厚度可以指定为 1.0，用来代替 cohesive elements 的实际厚度。这样，通过设置 cohesive elements 模型厚度为 1.0，然后指定 K_c 与 $\bar{\rho}_c$（也可以不选择）来作为材料的刚度和密度，就可以模拟 cohesive 层的实际厚度。

破坏机制由 3 部分组成：初始损伤准则、损伤演化机制和完全损伤后单元的删除。黏结单元的初始状态假设为线性，然而，一旦满足初始损伤准则，损伤就依照自定义的损伤演化机制开始损伤。常用双线性本构模型，如图 6-2 所示。

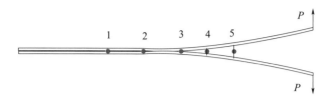

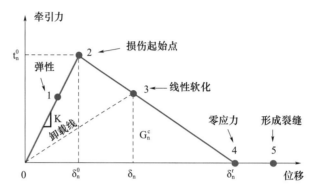

图 6-2 典型的 traction-separation（牵引力-位移）双线性本构关系

图形上升段表示材料达到强度极限前的线弹性段和材料达到强度极限状态后的刚度线性降低软化段。图中的 t_n^0、t_s^0、t_t^0 分别表示变形完全在界面法向（纯 I 型破坏）或变形在第一剪切方向（纯 II 型破坏）或者第二剪切方向（纯 III 型破坏）时的峰值名义应力。ε_n^0、ε_s^0、ε_t^0 分别为与 t_n^0、t_s^0、t_t^0 对应的名义应变。当初始结构厚度 $T_0 = 1$ 时，名义应变分量等于各自的相对位移的分量 δ_n、δ_s、δ_t——黏结层从底到顶的厚度。图 6-2 中横坐标为位移，纵坐标为应力，上升段的斜率表示 Cohesive 单元的刚度。曲线下的面积就表示材料断裂时的能量释放率。Cohesive 单元可以理解为一种准二维单元，可以将它看作被一个厚度隔开的两个面，这两个面分别与其他实体单元连接。Cohesive 单元只考虑面外的力，包括法向正应力以及 XZ、YZ 两个方向的剪应力。

初始损伤准则：

（1）最大名义应力准则：最大的名义应力的比值达到 1 时，损伤开始。

$$\max\left\{\frac{t_n}{t_n^0}, \ \frac{t_s}{t_s^0}, \ \frac{t_t}{t_t^0}\right\} = 1 \tag{6-4}$$

（2）最大名义应变准则：最大的名义应变的比值达到 1 时，损伤开始。

$$\max\left\{\frac{\varepsilon_n}{\varepsilon_n^0}, \ \frac{\varepsilon_s}{\varepsilon_s^0}, \ \frac{\varepsilon_t}{\varepsilon_t^0}\right\} = 1 \tag{6-5}$$

（3）二次名义应力准则：相关的名义应力比值的二次函数之和达到 1 时，损伤开始。

$$\left\{\frac{t_n}{t_n^0}\right\}^2 + \left\{\frac{t_s}{t_s^0}\right\}^2 + \left\{\frac{t_t}{t_t^0}\right\}^2 = 1 \tag{6-6}$$

（4）二次名义应变准则：相关的名义应变比值的二次函数之和达到 1 时，损伤开始。

$$\left\{\frac{\varepsilon_n}{\varepsilon_n^0}\right\}^2 + \left\{\frac{\varepsilon_s}{\varepsilon_s^0}\right\}^2 + \left\{\frac{\varepsilon_t}{\varepsilon_t^0}\right\}^2 = 1 \tag{6-7}$$

公式中表示未损伤时纯压变形状态或应变状态。本模型选用二次名义应力准则。

损伤演化：

损伤演化引入了损伤变量 D，D 表达了所有材料的损伤，也包括所有有效机制的结合。初始损伤为 0，损伤一旦开始，随着荷载的增加，D 从 0 单调增加到 1。基本公式如下：

$$t_n = \begin{cases} (1-D)\,\bar{t}_n, & \bar{t}_n \geqslant 0 \\ \bar{t}_n, & （无损伤） \end{cases} \tag{6-8}$$

$$t_s = (1-D)\,\bar{t}_s \tag{6-9}$$

$$t_t = (1-D)\,\bar{t}_t \tag{6-10}$$

式中 $\bar{t}_n$、$\bar{t}_s$、$\bar{t}_t$ 分别表示为针对未损伤的应变状态，由 traction-separation 属性预测的应力分量。

损伤演化类型分为基于位移和基于能量，本模型选择基于能量。断裂混合行为分为表格形式、能量法则形式、Benzeggagh-Kenane（BK）形式，本模型选择 BK 形式。软化属性分为线性软化和指数型软化，本模型选用线性软化。损伤演化行为考虑法向、第一剪切方向和第二剪切方向，因此，为了简化描述，需引入一个坐标系，如图 6-3 所示。

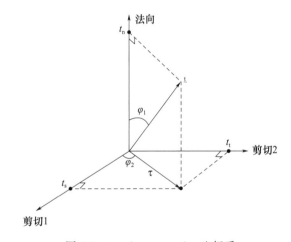

图 6-3　traction-separation 坐标系

图 6-4 表示基于断裂能的线性软化段。

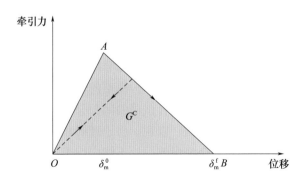

图 6-4　线性损伤演化

图中 δ_m^0 为初始损伤时的有效位移，δ_m^f 为完全破坏时的有效位移。其中 δ_m 是与这三个方向相关的有效位移：

$$\delta_m = \sqrt{{\delta_n}^2 + {\delta_s}^2 + {\delta_t}^2} \tag{6-11}$$

能量型损伤演化以断裂能随着损伤过程的发生而消散为原则。断裂能等于图 6-4 中 traction-separation 曲线下的面积。

BK 型演化假设变形过程中，沿着第一剪切方向和第二剪切方向的临界断裂能完全相同，即 $G_s^C = G_t^C$。公式如下：

$$G_n^C + (G_s^C - G_n^C)\left\{\frac{G_S}{G_T}\right\}^\eta = G^C \tag{6-12}$$

式中，$G_S = G_s + G_t$，$G_T = G_n + G_S$，η 为材料参数，G_s^C 为第一剪切方向临界断裂能，G_n^C 为法向临界断裂能，G^C 为断裂能。

线性损伤演化中损伤演化参数如下变化：

$$D = \frac{\delta_m^f (\delta_m^{max} - \delta_m^0)}{\delta_m^{max}(\delta_m^f - \delta_m^0)} \tag{6-13}$$

式中，$\delta_m^f = \frac{2G^C}{T_{eff}^0}$，$T_{eff}^0$ 是损伤初始状态的有效拉力，δ_m^{max} 指加载过程中的最大有效位移值。

单元的失效：

单元完全损伤后，损伤变量值 D（Overall value of the scalar damage variable，简称 SDEG）$=1$，cohesive elements 完全失效，黏结层脱开。

6.2　各材料本构模型

材料的本构模型大概可以分为四大类：（1）线弹性模型；（2）非线弹性模型；（3）塑性理论模型；（4）其他力学理论类模型。这些本构模型表达方式不同，各有优缺点，相应的适用范围也不同，因此计算结果也有很大差异。

这些材料的本构模型特点如下：

（1）线弹性模型是一种最简单的材料本构模型。材料的加卸载都沿直线变化，完全卸载后无残余变形。很明显，不同工况下，PCCP 受力状态不同，仅就混凝土而言，混凝土的屈服和开裂无法用线弹性模型表达。

（2）非线弹性本构模型来源于试验、计算相对准确、形式简明和使用方便，是目前应用最广的模型。随着应力的增加，变形按一定规律非线性增长，刚度逐渐减小；卸载时，应变沿原曲线返回，不留残余应变。这类本构模型的明显特点是，能够反映混凝土受力变形的主要特点；计算式和参数值都来自试验的回归分析，在单调比例加载情况下有较高的计算精度；本构模型表达式简洁、直观，易于理解和应用。但其缺点是，不能反映卸载和加载的区别，卸载后无残余变形等，故不能应用于卸载、加卸载循环和非比例加载等情况。

（3）塑性理论模型是指材料未屈服时，应力与应变成正比，加载、卸载沿同一斜线变化，无残余应变，可以理解为弹性状态；屈服后，应变值会继续增大，应力值不会变化，卸载的应力-应变与屈服前平行，完全卸载后有残余应变，再加载时顺卸载线返回，刚度不变。塑性理论适用于金属，但是对混凝土而言，明显是不适用的。在此基础上，有些对混凝土本构关系加以改进的模型，如弹性-全塑性模型、硬化塑性模型等，但都不能完全表示混凝土的性质。

（4）其他力学模型包括黏弹-塑性理论、内时理论等，这些本构对混凝土性能作出简化，但是这些理论比较新，公式复杂，计算难度大，而且其基本假设与混凝土的实际性能仍有相当大的差别，因此目前还不能被广泛认可。

6.2.1 混凝土与砂浆

ABAQUS 有限元软件为混凝土提供了三种本构模型：（1）混凝土弥散开裂模型（Concrete Smeared Cracking Model），（2）混凝土塑性损伤模型（Concrete Damage Plasticity Model），（3）混凝土脆性开裂模型（Concrete Brittle Cracking Model）。其中混凝土弥散开裂模型仅用于 ABAQUS/Standard，常用于表示单调应变与材料拉伸时表现出开裂或裂纹以及压缩时表现出破碎的行为。混凝土塑性损伤模型可用于 ABAQUS/Standard 和 ABAQUS/Explicit，适用于混凝土的单调应变、循环荷载、动力载荷等多种荷载分析，包含拉伸开裂（Cracking）和压缩破碎（Crushing），此模型是基于塑性且拥有连续性的损伤模型，能够模拟硬度退化机制与反向加载刚度恢复的混凝土力学特性。混凝土脆性开裂模型仅用于 ABAQUS/Explicit，适用于拉伸裂纹控制材料行为的应用或压缩失效可忽略的模型，如大坝等结构的模拟。此模型考虑了由于裂纹引起的材料各向异性性质，材料压缩的行为假定为线弹性，脆性断裂准则可以控制材料在拉伸应力过大时失效。相对而言，混凝土损伤模型适用范围更广，而且模型表达清楚，概念明确。因此，本文的混凝土材料本构模型采用的是塑性损伤模型。

塑性损伤模型的基本假设是：各向同性的拉应力或压应力导致材料的损伤破坏，可描述不同强度混凝土材料的非弹性损伤破坏行为。混凝土材料所承受的单轴拉/压应力大于其屈服应力后，表现出非弹性行为，即应变不再随着应力线性增长，也称弹性刚度退化。因此，为模拟混凝土材料的两种弹性刚度退化行为，分别采用受拉损伤因子（DAMAGET）和受压损伤因子（DAMAGEC）模拟混凝土材料拉伸开裂与压碎破碎的损伤破坏程度。混凝土材料单轴受力的本构关系如图 6-5 所示，其中图（a）表示单轴拉伸本构关系，图（b）表示单轴压缩本构关系。

如图 6-6（a）所示，混凝土材料单轴受拉时，拉应力达到屈服（拉）应力 σ_{t0} 前，其应力-应变关系为线弹性，达到屈服（拉）应力 σ_{t0}，即认为达到峰值应力，峰值应力对应的应变视为峰值应变，屈服后继续加载，混凝土材料应变增加而应力减小，进入软化阶段。如图 6-6（b）所示，混凝土材料单轴受压时，压应力达到屈服（压）应力 σ_{c0} 之前，其应力-应变关系为线弹性，达到屈服（压）应力 σ_{c0} 后进入硬化段，此时的应力-应变关系为非线性，达到峰值应力 σ_{cu} 后继续加载，混凝土材料应变增加而应力减小，进入软化阶段。塑性损伤模型很好地反映了混凝土材料受拉受压时的主要特征，对应力-应变关系做了恰当的简化，减小了计算量与计算难度。

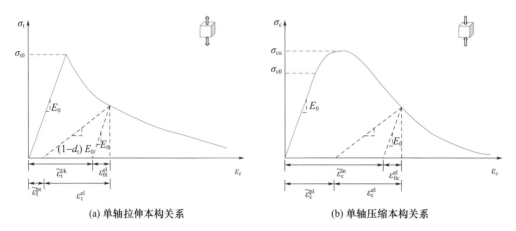

(a) 单轴拉伸本构关系   (b) 单轴压缩本构关系

图 6-5　混凝土材料单轴受力的本构关系

混凝土材料的损伤公式如下：

$$\sigma_t = (1-d_t) E_0 (\varepsilon_t - \tilde{\varepsilon}_t^{pl}) \tag{6-14}$$

$$\sigma_c = (1-d_c) E_0 (\varepsilon_c - \tilde{\varepsilon}_c^{pl}) \tag{6-15}$$

式中，d_t 和 d_c 分别为受拉损伤因子和受压损伤因子，E_0 为混凝土初始弹性模量，$\tilde{\varepsilon}_t^{pl}$ 和 $\tilde{\varepsilon}_c^{pl}$ 分别为受拉和受压时的等效塑性应变。

如图 6-6（a）所示，混凝土材料拉伸时，硬化由开裂应变 $\tilde{\varepsilon}_t^{ck}$ 定义，等效塑性（拉）应变 $\tilde{\varepsilon}_t^{pl}$ 与开裂应变 $\tilde{\varepsilon}_t^{ck}$ 的换算公式如下：

$$\tilde{\varepsilon}_t^{pl} = \tilde{\varepsilon}_t^{ck} - \frac{d_t}{(1-d_t)} \frac{\sigma_t}{E_0} \tag{6-16}$$

如图 6-6（b）所示，混凝土受压时，硬化由非弹性应变 $\tilde{\varepsilon}_c^{in}$ 计算，等效塑性（压）应变 $\tilde{\varepsilon}_c^{pl}$ 与非弹性应变 $\tilde{\varepsilon}_c^{in}$ 的换算关系如下：

$$\tilde{\varepsilon}_c^{pl} = \tilde{\varepsilon}_c^{in} - \frac{d_c}{(1-d_c)} \frac{\sigma_c}{E_0} \tag{6-17}$$

混凝土材料在单轴循环荷载的作用下，改变方向荷载后，弹性刚度会有一定程度的削减。在 ABAQUS 有限元软件提供的损伤塑性模型中，材料发生损伤后的弹性模量会降低，损伤后的弹性模量 E 可以通过初始弹性模量 E_0 与损伤因子 d（包括受压损伤因子 d_c 和受拉损伤因子 d_t）换算，换算公式如公式（6-18）所示：

$$E = (1-d) E_0 \tag{6-18}$$

式中，d 可以通过单轴受压损伤变量 d_c 和单轴受拉损伤变量 d_t 进行换算。混凝土在单轴受压或受拉作用下，d 与 d_c、d_t 的换算公式如公式（6-19）所示：

$$(1-d) = (1-s_t d_c) (1-s_c d_t) \tag{6-19}$$

式中，s_t 和 s_c 分别为与应力方向有关的弹性刚度恢复的应力状态函数。

参照《混凝土结构设计规范》（GB 50010—2010）附录 C，混凝土材料单轴受拉作用时：

$$\sigma_t = (1-d'_t) E_c \varepsilon \tag{6-20}$$

$$d'_t = \begin{cases} 1 - \rho_t \left[1.2 - 0.2x^5 \right] \to x \leqslant 1 \\ 1 - \dfrac{\rho_t}{\alpha_t \ (x-1)^{1.7} + x} \to x > 1 \end{cases} \quad (6\text{-}21)$$

$$x = \frac{\varepsilon}{\varepsilon_{t,r}} \quad (6\text{-}22)$$

$$\rho_t = \frac{f_{t,r}}{E_c \varepsilon_{t,r}} \quad (6\text{-}23)$$

式中，σ_t 为混凝土在单轴受拉状态下所承受的拉应力，ε 为拉应变，α_t 为应力-应变关系下降段参考系数，d'_t 为规范中提供的混凝土单轴受拉损伤演化系数，其他参数可参考《混凝土结构设计规范》（GB 50010—2010）。

混凝土材料单轴受压作用时：

$$\sigma_c = (1 - d'_c) E_c \varepsilon \quad (6\text{-}24)$$

$$d'_c = \begin{cases} 1 - \dfrac{\rho_c n}{n - 1 + x^n} \to x \leqslant 1 \\ 1 - \dfrac{\rho_c}{\alpha_c \ (x-1)^2 + x} \to x > 1 \end{cases} \quad (6\text{-}25)$$

$$\rho_c = \frac{f_{c,r}}{E_c \varepsilon_{c,r}} \quad (6\text{-}26)$$

$$n = \frac{E_c \varepsilon_{c,r}}{E_c \varepsilon_{c,r} - f_{c,r}} \quad (6\text{-}27)$$

$$x = \frac{\varepsilon}{\varepsilon_{c,r}} \quad (6\text{-}28)$$

式中，σ_c 为混凝土在单轴受压状态下所承受的压应力，ε 为压应变，α_c 为应力-应变关系下降段参考系数，d'_c 为规范中提供的混凝土单轴受压损伤演化系数，其他参数可参考《混凝土结构设计规范》（GB 50010—2010）。

本章涉及的混凝土材料所采用的是 C55 强度等级混凝土，参考《混凝土结构设计规范》（GB 50010—2010），取其轴心抗拉强度设计值 1.96MPa，轴心抗压强度设计值 25.3MPa，混凝土材料塑性损伤本构关系如图 6-6～图 6-9 所示。本文中砂浆材料的标准抗拉强度为 45MPa，其塑性损伤本构关系计算同理。

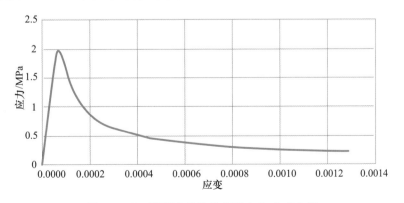

图 6-6　C55 混凝土受拉状态下应力-应变曲线

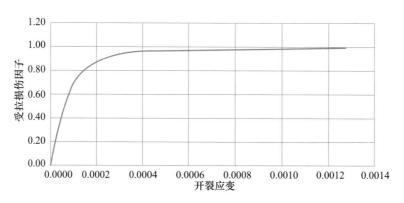

图 6-7　C55 混凝土受拉状态下损伤因子-开裂应变曲线

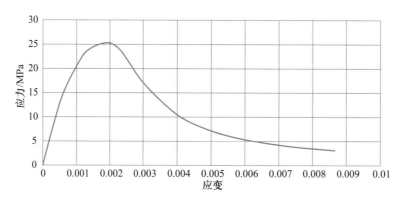

图 6-8　C55 混凝土受压状态下应力-应变曲线

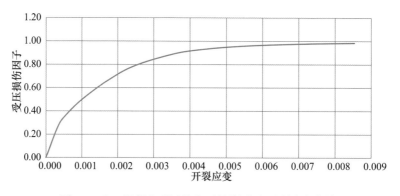

图 6-9　C55 混凝土受压状态下损伤因子-开裂应变曲线

6.2.2 钢筒

钢筒通常为弹塑性材料，受拉破坏过程一般包括弹性阶段、屈服阶段、强化阶段、局部变形阶段，其受力行为可用三折线力学模型来描述。钢筒的三折线力学模型如图 6-10所示。

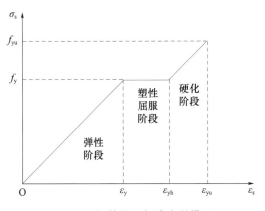

图 6-10 钢筒的三折线力学模型

PCCP 中的钢筒主要起到防渗作用，数值计算中为了简化计算，又满足数值计算要求，按照 AWWA C304《预应力钢筒混凝土压力管设计标准》，钢筒本构关系采用理想弹塑性模型，钢筒的本构模型如图 6-11 所示。

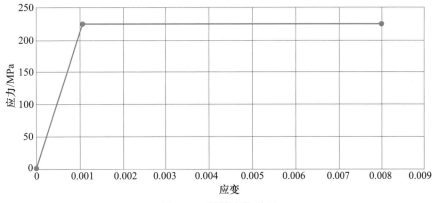

图 6-11 钢筒本构关系

6.2.3 预应力钢丝

本文中的预应力钢丝采用硬钢弹塑性模型，根据 AWWA C304《预应力钢筒混凝土压力管设计标准》，钢丝本构关系如公式（6-29）所示：

$$f_s = \begin{cases} \varepsilon_s E_s, & \varepsilon_s \leqslant f_{sg}/E_s \\ f_{su}\{1-[1-0.6133\,(\varepsilon_s E_s/f_{su})]^{2.25}\}, & \varepsilon_s > f_{sg}/E_s \end{cases} \tag{6-29}$$

式中，f_{su} 为预应力钢丝最小抗拉强度，单位为 MPa；f_{sg} 为预应力钢丝的缠丝应力，单位为 MPa；E_s 为预应力钢丝弹性模量，单位为 MPa；ε_s 为 f_s 对应的应变。

预应力钢丝本构关系如图 6-12 所示。

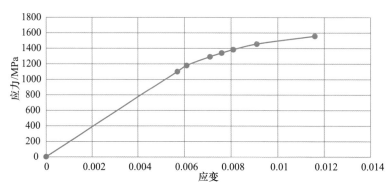

图 6-12　预应力钢丝本构关系

6.2.4　CFRP

将单层 CFRP 按正交异性弹性体模拟，其中纤维方向的单轴抗拉应力应变关系可以用公式（6-30）表示：

$$\sigma_{cf} = E_{cf}\varepsilon_{cf} \tag{6-30}$$

式中，E_{cf} 为 CFRP 纤维方向的弹性模量，取 75GPa。其余两个方向弹性模量取62GPa。CFRP 的抗拉强度取值为 600MPa，CFRP 内衬建模过程中使用试验中实际CFRP 单层铺层厚度，单层铺层厚度为 0.75mm。

6.2.5　层间关系

PCCP 有限元模型具有 5 个组成部件，分别为砂浆保护层、管芯混凝土、钢筒、预应力钢丝和 CFRP 内衬，采用分离式模型分别建立这 5 个独立的部件模型，然后根据各组成部件实际的接触关系定义它们之间的层间关系。各组成部件的层间关系见表 6-2。

表 6-2　PCCP 有限元模型各组成部件的层间关系

组成部件	实际接触关系	定义的层间关系
砂浆与管芯混凝土	砂浆喷涂在混凝土上，黏结牢固	Tie
钢筒与管芯混凝土	钢筒嵌入管芯混凝土内	Embedded region
预应力钢丝与砂浆	砂浆喷涂在预应力钢丝上，包裹密实	Embedded region
CFRP 内衬与管芯混凝土	CFRP 内衬粘贴在管芯混凝土内壁	Cohesive elements

6.2.6　荷载与边界

按照原型试验的实际现场情况，PCCP 内水压试验装置采用的是立式液压试验系统，PCCP 试验管插口端朝上竖直放置，PCCP 承口端与立式液压试验装置底部相对接，插口端用堵盘和密封槽环密封以防止漏水，立式液压试验装置照片如图 6-13 所示。因此，在 PCCP 有限元模型中考虑管自重、水压力，不考虑水重，在 PCCP 承口端和插口端设置轴向和环向约束，保证管体两端不会发生轴向与环向的移动，边界条件如图 6-14所示。

图 6-13　PCCP 承口端试验筒

图 6-14　PCCP 插口端法兰盘密封

承口端和插口端约束了 PCCP 轴向和环向位移，但是未约束 PCCP 径向位移，PCCP 受水压膨胀。承口端与插口端视为杆约束。边界条件如图 6-15 所示。

ABAQUS 有限元软件中提供了多种方法施加预应力，包括初始应变法、Rebar element single 法与降温法等。降温法操作简单，应用广泛。因此，本文采用降温法来模拟预应力钢丝的环向预应力。降温法的原理是通过对有限元模型中需要施加预应力的部分进行降温，利用温度变化使其收缩，与之相互作用的边界为抵抗其收缩随之会产生拉力作用，从而成功施加预应力荷载。

温降法中的温度差的计算公式如下：

$$\Delta T = \frac{\sigma}{E \cdot \alpha}$$

式中，σ 为需要施加的预应力，E 为材料的弹性模量，α 为线膨胀系数。

图 6-15　内压试验边界条件

当 PCCP 进行缠丝后，预应力钢丝给管体提供径向预压应力，管体随之弹性收缩，使预应力钢丝的延伸长度相应减小，从而使得钢丝本身的预应力减小，这部分损失是弹性收缩引起的预应力损失。PCCP 制造完成后，管芯混凝土会发生收缩和徐变，都会使其体积减小，从而引起预应力损失。另外，钢丝应力松弛也会导致预应力损失。这些预应力损失值可根据 SL 702—2015 进行计算，同样采用降温法模拟预应力钢丝的预应力损失。

预应力钢筒混凝土管实际缠丝是一根钢丝螺旋缠绕，模拟实际中钢丝的螺旋缠绕会造成建模困难，将钢丝简化成各自独立缠绕的每一根，并采用降温法模拟预应力的施加。利用材料的膨胀系数，在预应力钢筋上施加温度荷载，初始分析步中指定温度，在

随后的分析步中将温度降至零,使预应力钢丝收缩,以此达到混凝土的预压应力。钢丝应力为:

$$\sigma = \alpha \cdot E \cdot \Delta T$$

式中,α 为线膨胀系数,ΔT 为温度降低值,σ 为钢丝缠丝应力(即预应力)。降温法克服了初始应力法的缺点,考虑了钢丝的应变。通过改变降温值也可模拟钢丝的松弛。该方法能很好地适用于 PCCP 的模拟。

6.2.7 分析步骤

对试验管中的 A2 管进行模拟,A2 管 CFRP 粘贴层数为 1L+1H(一纵一环)。PC-CP 在设计压力 1.12MPa 下进行断丝,然而实际试验中 PCCP 很难保持在设计压力下不变化,因此,模拟中内压加至 1.20MPa 并保持不变,然后开始断丝。为了与实际试验过程相匹配,断丝至 65 根时管内压力降低至 1.10MPa 以下,因此,模拟中内压也做相应降低。

6.3 试验结果与计算结果对比分析

现场试验中为了尽可能多地采集数据,将 PCCP 沿管轴线方向分为 7 个截面,7 个截面距承口分别为 0.75m、1.75m、2.5m、3.0m、3.5m、4.24m 和 5.25m。内侧混凝土、钢筒、外侧混凝土、钢丝在这 7 个截面上分布测点。每个截面以 90°为间隔将 PC-CP 分为 4 个方向,分为 0°(360°)、90°、180°和 270°。CFRP 也沿这 7 个截面分布测点,每个截面以 90°为分隔将 PCCP 分为 4 个方向,分为 45°、135°、225°和 316°。考虑到砂浆包裹着钢丝,断丝中不利于操作,预先将砂浆刨开一部分,裸露出钢丝。砂浆数据的采集沿管轴线方向将管分为 6 个截面,每个截面距承口分别为 1.25m、2.1m、2.75m、3.25m、3.9m 和 4.75m。每个截面以 90°为间隔将 PCCP 分为 4 个方向,分为 45°、135°、225°和 315°。试验分为加压过程和断丝过程,加压过程前提前 24h 在 PCCP 里注满水,认为此时管内压力为 0,以 0.1MPa 为一级逐级加压,每加完一级压力后稳压 5min,然后再次加压,将压力加至 1.20MPa;加压至 1.20MPa 后,随即进入断丝过程,断丝过程中以 5 根为一个批次断丝。PCCP 每次断丝后管内压力都会有相应的降低,需补压至 1.20MPa;随着断丝数量的增加,管内压力再也达不到 1.20MPa,加压至所能达到的最大压力后再次断丝,最后至管体漏水或者 PCCP 发生爆管。

6.3.1 CFRP 试验值与模拟值对比

将 CFRP 的试验值与模拟值作对比,以验证模拟程序的正确性。选择 3m 处断丝区、1.75m 非断丝区和 0.75m 非断丝区这三个截面作对比。试验值中 3.00m 断丝区的 45°、135°、315°在加压过程中微应变值比其他部位明显小,这三个值予以排除;3.00m 断丝区 225°在断丝过程中微应变随着断丝的增加微应变却减小,认为结果不合理,予以排除,因此没有对比 3.00m 处的试验值。

加压过程数值对比如图 6-16 所示。

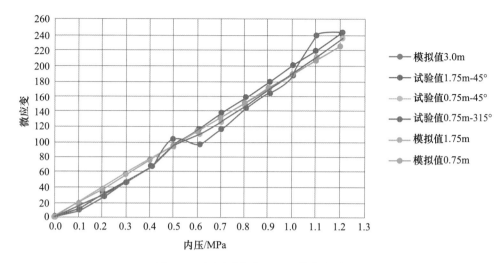

图 6-16 加压过程中 CFRP 微应变对比

CFRP 是弹性材料，加压过程中应变随压力增长呈线性变化；模拟值 0.75m、1.75m 和 3.0m 数值一样，符合规律；试验值 0.75m-315°压变-内压图变化不规律，在 0.5MPa 和 1.1MPa 时应变过大，可能是因为光栅受到扰动，应变值偏大；试验中其他值应变呈线性变化，与模拟值拟合较好。

断丝过程中 CFRP 试验值与模拟值对比如图 6-17 所示。

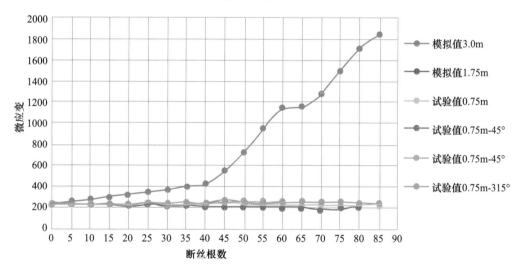

图 6-17 断丝过程 CFRP 微应变对比

断丝过程中，PCCP 内压大体保持在 1.20MPa 左右，非断丝区不受影响，应变几乎无变化，试验值与模拟值相符合。

模拟值 3.0m 中断丝 0~40 根时，CFRP 应变线性增长，断丝 45 根以后，应变增长幅度变大，其中断丝 65 根时将压力由 1.2MPa 降低至 1.1MPa，应变因此没有随曲线增加。断丝 45 根后，断丝区内侧混凝土逐渐开裂，CFRP 应变增加明显，开始发挥作用承担内压，随着断丝数的增加，混凝土开裂更加严重，CFRP 作用越来越明显。

6.3.2 内侧混凝土试验值与模拟值对比

选择 3.0m 断丝区、2.5m 过渡区和 0.75m 非断丝区作比较。经过初步筛选，试验值中选取 0.75m-90°、2.5m-90°、3.0m-90° 与模拟值作比较。应变值对比如图 6-18 所示。

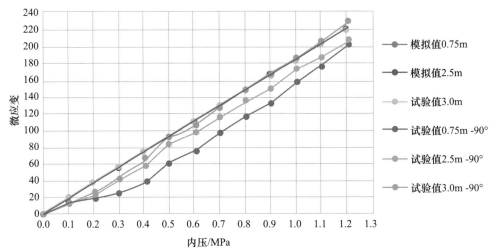

图 6-18　加压过程中内侧混凝土微应变比较

加压过程中内侧混凝土微应变随内压增加线性增加，处于弹性状态，混凝土未开裂。试验值中 0.75m-90° 和 2.5m-90° 比 3.0m-90° 小，可能是由于光栅测点粘贴在混凝土裂缝附近，混凝土在空气中逐渐硬化，水分散发，体积发生收缩，因此试验前 PCCP 内表面会有宏观裂缝。试验值与模拟值微应变变化趋势相同，数值相近。应变值对比如图 6-19所示。

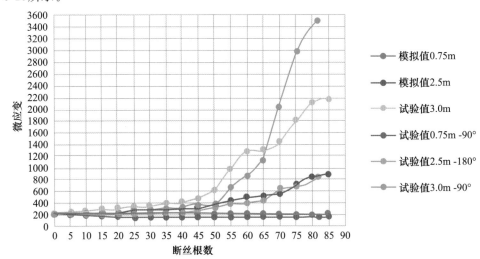

图 6-19　断丝过程中内侧混凝土微应变比较

断丝过程 PCCP 内压大体保持在 1.20MPa，非断丝区钢丝依然能够提供预压应力，因此非断丝区完好，应变变化小；模拟值与试验值非断丝区微应变一直保持在 200×10^{-6} 左右，符合实际规律。

断丝数量小于 50 根时，3.0m 处断丝区，应变随断丝数量增加而线性增长，内侧混凝土处于弹性状态；断丝超过 50 根后，应变开始非线性增加，断丝 70 根时，微应变超过可见裂缝对应极限应变 1524×10^{-6}，混凝土出现宏观可见裂缝。模拟值与试验值在断丝区变化趋势相同；断丝数量小于 70 根时，试验值小于模拟值，断丝数量大于 70 根时，试验值大于模拟值，可能是受混凝土材料开裂的随机性以及混凝土开裂后状态的影响，这种偏差依然认为可以接受。

随着断丝数量的增加，断丝区会扩大，断丝区混凝土开裂和脱落、钢筒屈服，而非断丝区却无变化，因此，断丝区与非断丝区的差别会随断丝数量的增加越来越大，PC-CP 不同区域有不同的状态。将未受断丝影响的区域划分为非断丝区，钢丝断裂的区域（或预应力损失区域）划分为断丝区，受断丝区扰动但钢丝未断裂的区域划分为过渡区。在断丝区与非断丝区中间存在过渡区，过渡区的大小是不断变化的，随着断丝数量的增加而增大。断丝区、过渡区和非断丝区 PCCP 的属性各不相同。断丝数量小于 50 根时，管 2.5m 位置与非断丝区一样，受断丝区扰动小，应变几乎无变化；断丝数超过 50 根后，2.5m 处受断丝区扰动大，分担由断丝区释放的应力，应变随断丝数增加而增加；2.5m 处管的属性既不同于 0.75m 处非断丝区，也不同于断丝区 3.0m 处，将 2.5m 处划分为过渡区。可以预见，断丝数量增加到一定程度，2.5m 也会与 3.0m 处一样，混凝土开裂。过渡区如图 6-20 所示。

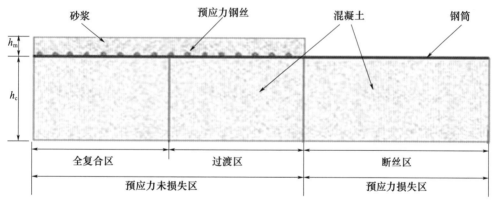

图 6-20 典型断丝管壁截面图

6.3.3 钢筒试验值与模拟值对比

钢筒结果选择 3.0m 断丝区、2.5m 过渡区和 0.75m 非断丝区作对比。经过初步筛选，试验值中选择断丝区 3.0m-180°、3.0m-0°，过渡区 2.5m-180°、2.5m-270°，非断丝区 0.75m-90°分别与模拟值作对比。应变值对比如图 6-21 所示。

加压过程中 PCCP 没有任何破坏，各个区域属性相同，应变随着压力的增加而线性增加，钢筒处于弹性状态。模拟值与试验值变化趋势相同，数值大小相近。应变值如图 6-22所示。

断丝过程中管内压力保持在 1.20MPa 左右，0.75m 处非断丝区钢丝依然能够提供预压应力，模拟值 0.75m 在断丝 65 根时内压降低至 1.10MPa，应变相应降低一点，但试验值与模拟值一直保持在 200×10^{-6} 左右，钢筒应变几乎无变化，符合实际规律。

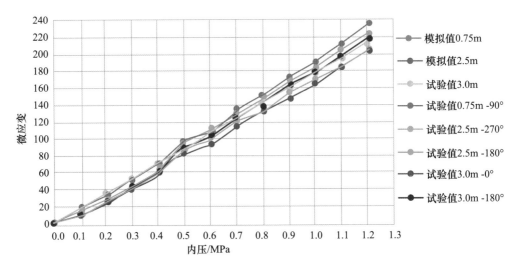

图 6-21 加压过程中钢筒微应变对比

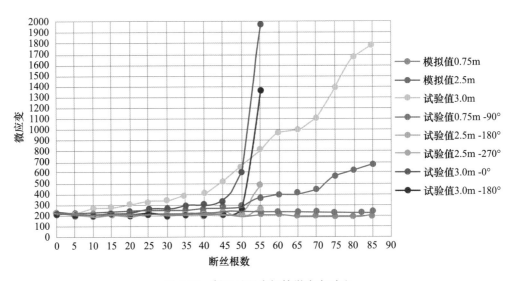

图 6-22 断丝过程中钢筒微应变对比

试验值 3.0m-0°在断丝 45 根前微应变随断丝数线性增加，增加幅度小，断丝 50 根后，微应变非线性增加，断丝 55 根后，钢筒应变陡增，达到屈服应变 1088×10^{-6}，由于光栅断裂，此后的数据消失；3.0m-180°试验值在断丝 50 根前，应变保持不变，与实际过程不相符，断丝 55 根时，钢筒微应变陡增，达到屈服应变 1088×10^{-6}，由于光栅断裂，此后的数据消失。试验值中 3.0m-0°微应变突变点是断丝 50 根，3.0m-10°微应变突变点是断丝 55 根，这两者微应变突变点有差异；最大应变前者为 1972×10^{-6}，后者为 1363×10^{-6}。这些差异可能是由于 3.0m-180°的光栅测点黏结在钢筒焊缝上，钢筒是由三角板焊接而成，整个钢筒实际中并非完全光滑、平整、均一，焊缝处比非焊缝处刚度大，影响测量结果。模拟值 3.0m 断丝 40 根前，微应变随断丝数增加而小幅度线性增加，断丝 45 根后，微应变增加幅度变大，钢筒也开始承担内压，断丝 75 根时，达到屈服应变 1088×10^{-6}，钢筒屈服，此后，微应变增加幅度变得更大。断丝 45 根前，模拟值比试验值微应变增加幅度大，是因为模拟值中断丝为切掉一整根钢丝，而实际中只是将一整圈钢丝切断，切断后的钢丝受砂浆握裹力的影响依然能提供部分预压应力，因此模拟值比试验值大。模拟值钢筒屈服时断丝为 70 根，大于试验值 55 根。实际试验中断丝 55 根时断丝区外侧混凝土与钢筒已经完全脱开而掉落，不再有任何黏结作用，外侧混凝土在突然掉落使钢筒失去约束力，受内压作用，钢筒发生突然屈服；钢筒屈服后微应变远大于内侧混凝土微应变，两者应变不协调，因此，钢筒也会与内侧混凝土脱开；模拟中外侧混凝土未掉落，钢筒也与内、外侧混凝土黏结良好，导致钢筒屈服时的断丝数不同。

过渡区 2.5m-180°和 2.5m-270°断丝 50 根前钢筒微应变几乎不受断丝区的影响，断丝范围小，对 2.5m 处扰动也小；断丝 55 根时，应变突然增大，此后应变消失，可能是断丝区外侧混凝土掉落时将光栅拉断。模拟值 2.5m 在断丝 50 根前，应变随断丝数增加而线性增加，过渡区受断丝区影响；断丝 55 根后，应变增加幅度变大，断丝 75 根后，应变幅度进一步增大，过渡区也将进入断丝区。

6.3.4 外侧混凝土试验值与模拟值对比

外侧混凝土结果选择 3.0m 断丝区、2.5m 过渡区和 0.75m 非断丝区作对比。经过初步筛选，试验值中选择断丝区 3.0m-0°、3.0m-90°，过渡区 2.5m-0°、2.5m-90°，非断丝区 0.75m-0°、0.75m-270°分别与模拟值作对比。加压过程应变值对比如图 6-23 所示。

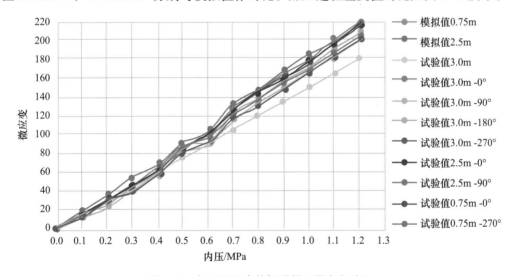

图 6-23　加压过程中外侧混凝土微应变对比

加压过程中外侧混凝土处于弹性状态，各个截面变化趋势相同。应变随内压的增加而线性增加。试验值与模拟值曲线趋势相同，数值大小接近。断丝过程应变值对比如图 6-24 所示。

断丝过程中管内压力保持在 1.20MPa 左右，0.75m 处非断丝区钢丝依然能够提供预压应力，模拟值 0.75m、试验值 0.75m-0°和试验值 0.75m-270°应变在整个断丝过程中变化较小，保持在 200×10⁻⁶ 左右，符合实际规律。

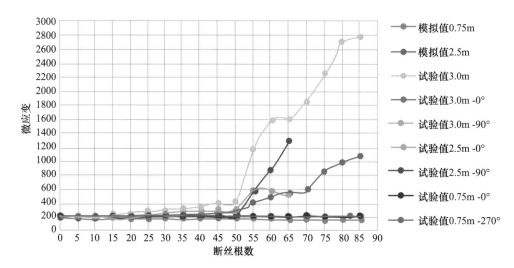

图 6-24　断丝过程外侧混凝土微应变对比

试验值 3.0m-0°与试验值 3.0m-90°在断丝数小于 50 根时，应变随断丝数线性增加，外侧混凝土处于弹性状态，未开裂；断丝数大于 55 根时，没有测量到数据，是由于外侧混凝土突然开裂应变很大或者开裂掉落，导致光栅测点损坏。模拟值 3.0m 在断丝 50 根前应变随断丝数线性增加，变化趋势和数值大小与试验值相同或接近；模拟值 3.0m 在断丝 55 根后应变突增，断丝 60 根时，混凝土应变为 1594×10^{-6}，大于宏观裂缝的极限应变 1524×10^{-6}，断丝区外侧混凝土开裂破坏，随着断丝数的增加，应变也明显增加，增加至 2600×10^{-6} 以上，相当于实际过程中混凝土的掉落。试验值与模拟值应变突变都是断丝 55 根时，模拟值符合实际工作状态。

6.3.5　钢丝试验值与模拟值对比

钢丝结果选取断丝区 3.0m、过渡区 2.5m 和非断丝区 5.25m 作对比。经过初步筛选，选择试验值 2.5m-90°、试验值 2.5m-180°、试验值 3.0m-180°、试验值 3.0m-270°、试验值 5.25m-180°和试验值 5.25m-270°分别与模拟值作对比。其中，由于实际断丝过程与模拟工程存在差异，断丝过程中，断丝区 3.0m 处钢丝还有应变值，但是不作考虑，模拟值中切掉的钢丝没有应变值，因此，断丝过程中没有比较 3.0m 处的钢丝应变。断丝 80 根后，过渡区 2.5m 处钢丝也被切掉没有应变值。加压过程应变值对比如图 6-25 所示。

加压过程中钢丝处于弹性状态，各个截面变化趋势相同。应变随内压的增加而线性增加。试验值与模拟值曲线趋势相同，数值大小接近。断丝过程应变值对比如图 6-26 所示。

断丝过程中不考虑断丝区 3.0m 处钢丝应变，只考虑过渡区和非断丝区。

断丝过程中管内压力保持在 1.20MPa 左右，5.25m 处非断丝区钢丝依然能够提供预压应力，模拟值 5.25m、试验值 5.25m-180°和试验值 5.25m-270°应变在整个断丝过程中变化较小，保持在 200×10^{-6} 左右，符合实际规律。

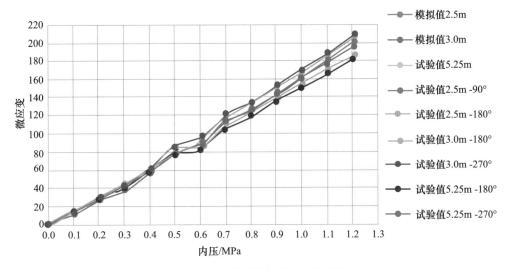

图 6-25 加压过程钢丝微应变对比

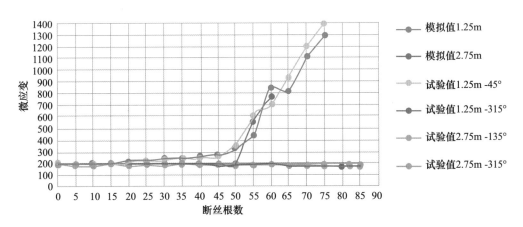

图 6-26 断丝过程钢丝微应变对比

钢丝的缠丝应力为 $f_{sg}=1099\text{MPa}$，屈服应力为 $f_{sy}=1177.5\text{MPa}$，PCCP 未加压前钢丝已经产生应变，大小为 $5693\mu\varepsilon$，试验过程中受测量方法的限制没有考虑到钢丝因缠丝而产生的应变，所以试验开始时钢丝应变为 0，钢丝达到屈服时的应变为 $407\mu\varepsilon$。过渡区中模拟值 2.5m、试验值 2.5m-90° 和试验值 2.5m-180° 在断丝 50 根前，应变随断丝数增加而线性增加，钢丝还处于弹性状态，断丝 50 根时，钢丝应变突然陡增，说明受断丝区影响明显。断丝 55 根后，钢丝应变均达到 420×10^{-6} 以上，钢丝屈服。钢丝屈服后，随断丝数增加，应变也增大，还能继续承担内压，安全系数足够大。模拟值 2.5m 在断丝 65 根时应变下降是由于内压由 1.2MPa 降低至 1.1MPa，说明钢丝屈服后受内压影响较大。试验值 2.5m-180° 在断丝 65 根后可能是受断丝口的影响，钢丝松散导致光栅损坏。模拟值与实际测量值拟合较好，过渡区钢丝应变突变都是在断丝 55 根时，虽然有一定的误差，但是可以接受。

6.3.6 砂浆试验值与模拟值对比

受测点的影响，钢丝沿管轴方向只选取了 6 个截面。选择过渡区 2.75m 和非断丝区 1.25m 作对比。经过初步筛选，试验值中选择 1.25m-45°、1.25m-315°、2.75m-135° 和 2.75m-35°分别与模拟值作对比。其中，断丝过程中，2.75m 处的试验值可能由于光栅的损坏，测量值不合理，不能与模拟值作比较。加压过程应变如图 6-27 所示。

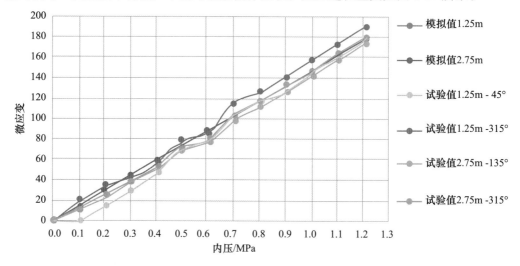

图 6-27　加压过程砂浆微应变对比

　　加压过程中砂浆各个截面均为弹性状态，应变随内压增加而线性增加，各个截面变化趋势相同，符合实际。试验值与模拟值曲线趋势相同，数值大小接近。断丝过程应变如图 6-28 所示。

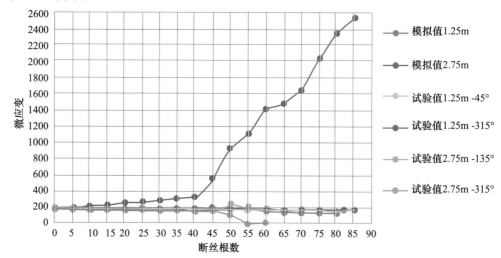

图 6-28　断丝过程砂浆微应变对比

　　管内压力保持在 1.2MPa 左右，1.25m 处非断丝区钢丝依然能够提供预压应力，模拟值 1.25m、试验值 1.25m-45°和试验值 1.25m-315°应变在整个断丝过程中变化较小，保持在 170×10^{-6} 左右，符合实际规律。

　　断丝 40 根前，断丝区长 0.5m，断丝 40 根后，2.75m 的过渡区变为断丝区。模拟值 2.75m 在断丝前 40 根前为过渡区，砂浆受断丝区影响小，应变随断丝数增加而线性增加，砂浆处于弹性状态；断丝 45 根后，随着断丝区的增大，2.75m 处由过渡区转化为断丝区，应变增幅变大，砂浆很容易出现宏观可见裂缝，断丝 60 根时，砂浆应变为 1402×10^{-6}，超过宏观裂缝极限应变 1122×10^{-6}，砂浆开裂；此后，随断丝数的增加，应变继续增大，视为实际中砂浆与外侧混凝土脱开，再也无法保护钢丝。

6.4　计算成果云图

6.4.1　加压阶段

PCCP 处于设计压力下运行。混凝土处于弹性受压状态，未出现损伤，PCCP 完好无损，内水压还未完全抵消钢丝的环向预压应力。钢筒应力为 26MPa，只为屈服强度的 11.6%，远小于屈服强度。钢丝应力为 1132MPa，也小于钢丝屈服强度。CFRP 随混凝土一起承担了内压，应力为 9.6MPa，远远小于其抗拉强度。CFRP、混凝土、钢筒、钢丝、砂浆应力应变如图 6-29 所示。

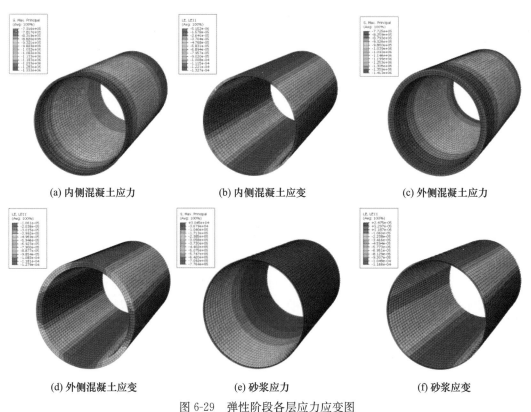

(a) 内侧混凝土应力　　　　(b) 内侧混凝土应变　　　　(c) 外侧混凝土应力

(d) 外侧混凝土应变　　　　(e) 砂浆应力　　　　(f) 砂浆应变

图 6-29　弹性阶段各层应力应变图

注：混凝土和砂浆应力为最大主应力，CFRP、钢筒和钢丝应力为 Mise 应力。

6.4.2　断丝 25 根

砂浆损伤阶段，砂浆为受拉弹性状态。混凝土未出现损伤，混凝土依然处于弹性状态。断丝区失去钢丝的作用，混凝土和砂浆由压状态转为拉状态，随着断丝数量的增加，混凝土也将出现受拉损伤。断丝区钢筒也由压状态转化为拉状态，应力为 12MPa，为屈服强度的5.3%。断丝区附近的钢丝应力为1151MPa，小于钢丝屈服应力。CFRP应力为也较小。PCCP断丝区主要承载体为混凝土。CFRP、混凝土、钢筒、钢丝、砂浆应力应变和砂浆损伤如图6-30所示。

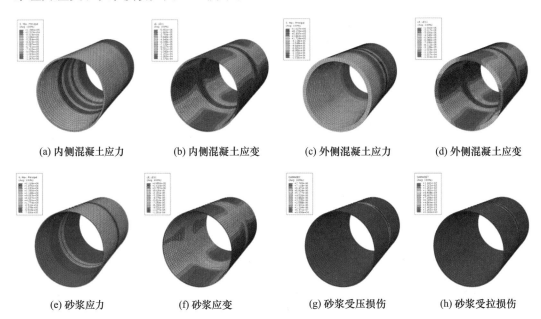

| (a) 内侧混凝土应力 | (b) 内侧混凝土应变 | (c) 外侧混凝土应力 | (d) 外侧混凝土应变 |

| (e) 砂浆应力 | (f) 砂浆应变 | (g) 砂浆受压损伤 | (h) 砂浆受拉损伤 |

图6-30　断丝25根时各层应力应变图
注：混凝土和砂浆应力为最大主应力，CFRP、钢筒和钢丝应力为Mise应力。

6.4.3　断丝50根

断丝区内外侧混凝土均出现受拉损伤和受压损伤。内侧混凝土受压损伤区大于受拉损伤区，主要出现压损伤，外侧混凝土则相反，因此内侧混凝土以受压为主，外侧混凝土以受拉为主。断丝区CFRP应力为28MPa，远小于其抗拉强度，CFRP性能发挥不大。靠近断丝区钢丝应力为1189MPa，钢丝屈服，钢丝也发挥作用。钢筒应力为89MPa，开始分担内压。断丝区外侧混凝土受拉明显，进入塑性段，应力下降。断丝区内侧混凝土受压，应力大。主压承载体为混凝土和钢筒。CFRP性能发挥不大。CFRP、混凝土、钢筒、钢丝、砂浆应力应变和混凝土、砂浆损伤如图6-31所示。

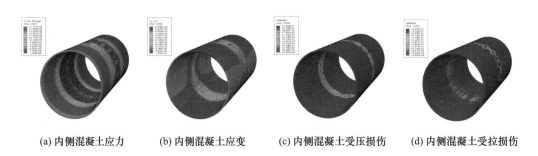

| (a) 内侧混凝土应力 | (b) 内侧混凝土应变 | (c) 内侧混凝土受压损伤 | (d) 内侧混凝土受拉损伤 |

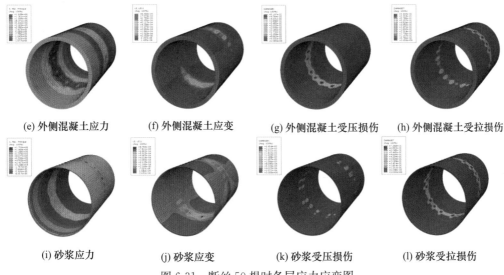

(e) 外侧混凝土应力　　(f) 外侧混凝土应变　　(g) 外侧混凝土受压损伤　　(h) 外侧混凝土受拉损伤

(i) 砂浆应力　　　　　(j) 砂浆应变　　　　　(k) 砂浆受压损伤　　　　(l) 砂浆受拉损伤

图 6-31　断丝 50 根时各层应力应变图

注：混凝土和砂浆应力为最大主应力，CFRP、钢筒和钢丝应力为 Mise 应力。

6.4.4　断丝 85 根

断丝区钢筒完全破坏，内外侧混凝土进入全损伤状态，CFRP 应力增加，内水压由 CFRP 承担，CFRP 应力为 113MPa，远小于其抗拉强度。随着断丝数量的增加，CFRP 还能继续发挥其强度。CFRP、混凝土、钢筒、钢丝、砂浆应力应变和混凝土、砂浆损伤如图 6-32 所示。

(a) CFRP应力　　　　　(b) CFRP应变　　　　　(c) 内侧混凝土应力　　　(d) 内侧混凝土应变

(e) 内侧混凝土受压损伤　(f) 内侧混凝土受拉损伤　(g) 钢筒应力　　　　　　(h) 钢筒应变

(i) 外侧混凝土应力　　　(j) 外侧混凝土应变　　　(k) 外侧混凝土受压损伤　(l) 外侧混凝土受拉损伤

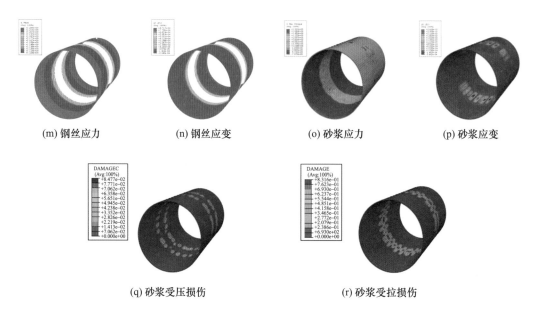

(m) 钢丝应力　　　　　(n) 钢丝应变　　　　　(o) 砂浆应力　　　　　(p) 砂浆应变

(q) 砂浆受压损伤　　　　　　　　　　(r) 砂浆受拉损伤

图 6-32　断丝 85 根时各层应力应变图

注：混凝土和砂浆应力为最大主应力，CFRP、钢筒和钢丝应力为 Mise 应力。

6.5　不同 CFRP 粘贴层数的断丝阈值

预应力钢筒混凝土管断丝过程中伴随着承载压力的压降，断丝数目少时，PCCP 还能承受设计压力，随着断丝数目的增加，混凝土开裂，钢筒与内外侧混凝土脱开，钢筒暴露于腐蚀的土壤环境中，从而引起钢筒的渗漏和过早的破坏以至于爆管，对于实际工程来说不仅影响着生产、生活供水，还伴随着巨大的安全隐患。对断丝的 PCCP 修补加固是一个重要的课题，结合有限元分析，用 CFRP 修复断丝的 PCCP，并确定 CFRP 粘贴层数对 PCCP 承载力的影响。

PCCP 断丝过程中首先保护层砂浆和外侧混凝土开裂，然后是内侧混凝土开裂，最后是钢筒屈服。将 CFRP 应用到 PCCP 中不仅可以提高其承载能力，还能修复断丝管，避免爆管风险，提高 PCCP 正常运行使用效率，延长其使用寿命。

6.5.1　设计准则与分析步骤

为了降低建模难度，钢丝在模拟中没有像实际工程只用一根钢丝螺旋缠绕，而是将钢丝简化为独立的环状缠绕，即每一圈用一根钢丝表示，钢丝间距与实际管间距一致。断丝模拟中利用生死单元技术将断丝区的一整圈钢丝杀死，使钢丝不参与计算，达到断丝的目的。选取对 PCCP 最不利的方式断丝，从管中间开始往两端断丝，断丝区集中在一起不分开，如图 6-33 所示。

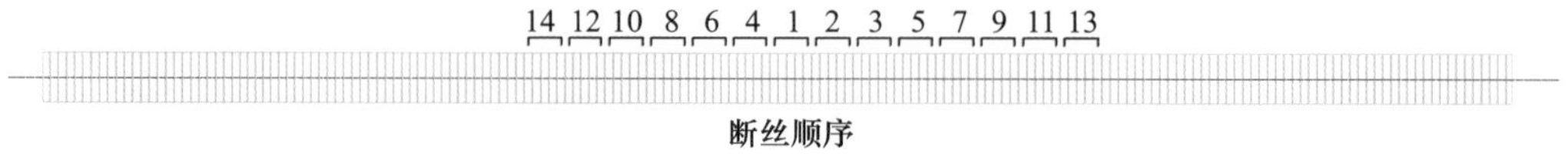

14 12 10 8 6 4 1 2 3 5 7 9 11 13

断丝顺序

图 6-33　集中断丝示意图

为了确定 CFRP 粘贴层数对断丝 PCCP 的影响，通过大规模的试算来确定随着断丝数的增加 PCCP 承载力的下降。以弹性极限状态为准来确定 PCCP 承载内压。分析步骤如下：

第一步：PCCP 施加自重；

第二步：降温法给 PCCP 施加预应力；

第三步：用生死单元技术杀死断丝区的钢丝，用准动力学的方法施加内压；用试算的方法不断调整内压，使靠近断丝区两侧的钢丝屈服，PCCP 处于强度极限状态，由此来确定承载内压。

6.5.2 断丝阈值的确定

CFRP 粘贴层数的多少将影响 PCCP 的承载内压，将 PCCP 分别粘贴 1L+1H、1L+2H、1L+3H、1L+4H 分别与未粘贴 CFRP 的 PCCP 作对比，计算结果如图 6-34 所示。

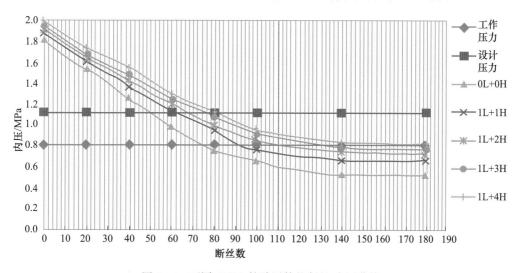

图 6-34 不同 CFRP 粘贴层数的断丝-内压曲线

注：L 表示纵向粘贴碳纤维，H 表示环向粘贴碳纤维，先纵向粘贴，再环向粘贴。

PCCP 工作压力为 0.8MPa，设计压力为 1.12MPa。对于不粘贴 CFRP 的管，断丝大于 49 根时，PCCP 不能承受设计压力；断丝大于 75 时，PCCP 不能承受工作压力。随着断丝数量的增加，曲线趋于平缓，混凝土逐渐退出工作，钢筒承担内压，随着断丝增加，钢筒屈服，随时可能爆管或渗漏，PCCP 不能承担任何压力。

粘贴 1L+1H 碳纤维的 PCCP，断丝大于 61 根时，PCCP 不能承受设计压力；断丝大于 94 根时，PCCP 不能承受工作压力。相比于不贴碳纤维的管，PCCP 最终承载力提高了 26.4%。随着断丝增加，钢筒屈服，PCCP 不能承担内压。

粘贴 1L+2H 碳纤维的 PCCP，断丝大于 67 根时，PCCP 不能承受设计内水压；断丝大于 116 根时，PCCP 不能承受工作内水压。相比于不同碳纤维的管，最终承载力提高了 35.8%。随着断丝增加，钢筒屈服，PCCP 不能承担内压。

粘贴 1L+3H 碳纤维的 PCCP，断丝大于 74 根时，PCCP 不能承受设计内水压；断丝大于 135 根时，PCCP 不能承受工作内水压。相比于不同碳纤维的管，最终承载力提高了 47.2%。随着断丝增加，钢筒屈服，PCCP 不能承担内压。

　　粘贴 1L＋4H 碳纤维的 PCCP，断丝大于 81 根时，PCCP 不能承受设计内水压；继续断丝，CFRP 发挥承载作用，PCCP 最终承载力提高了 56.6%。随着断丝增加，钢筒屈服，PCCP 不能承担内压。

　　随着断丝数的增加，承载能力会下降，断丝-内压曲线与设计压力、工作压力的交点作为断丝阈值：分为设计压力断丝阈值与工作压力断丝阈值。断丝阈值反映了 PCCP 对断丝的敏感程度，数值越大敏感程度越低，PCCP 承载能力越大。图 6-35 所示为 CFRP 不同粘贴层数的临界断丝数。

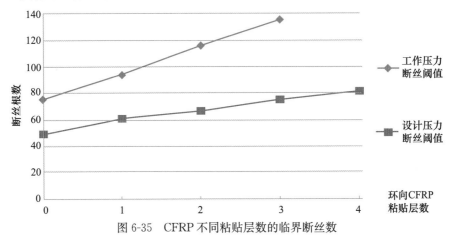

图 6-35　CFRP 不同粘贴层数的临界断丝数

　　工作压力断丝阈值和设计压力断丝阈值都随 CFRP 粘贴层数的增加线性增长，PCCP 承载力也得以提升。因为断丝越多，PCCP 中混凝土损伤越大，虽然钢筒也可以承担部分内压，但承载能力有限，CFRP 材料性能得以发挥，因此工作压力断丝阈值增长率大于设计压力断丝阈值增长率。断丝数越多，内压差值越大也是因为上述原因。

6.6　结　　论

　　(1) 在 PCCP 断丝过程中砂浆首先开裂，然后是外侧混凝土开裂、内侧混凝土开裂和钢筒屈服。断丝数量小于 50 根时，CFRP 对调整 PCCP 应力状态有一定的作用，随着断丝数量的增加，CFRP 开始分担一定内水压力，断丝数量越多分担越多。原型试验结果与数值模拟结果非常接近，验证了研究方法的正确性。

　　(2) PCCP 工作压力为 0.8MPa，设计压力为 1.12MPa。PCCP 的断丝阈值见表 6-3。

表 6-3　设计压力和工作压力下的断丝阈值

CFRP 层数	断丝阈值（根数）		最终承载力提高率（%）
	设计压力	工作压力	
0L＋0H	49	75	—
1L＋1H	61	94	26.4
1L＋2H	67	116	35.8
1L＋3H	74	135	47.2
1L＋4H	81	—	56.6

7 PCCP 破坏全过程数值模拟

7.1 PCCP 断丝管破坏过程

PCCP 的破坏是一个逐渐发展的过程，从出现第一根断丝开始到断丝数目足够大可以导致 PCCP 破裂的程度需要很长一段时间。断丝应该被看成一种恶化过程，需要许多年的时间。破坏边界用于确定损伤管的承载能力失效与断丝数目的关系。

采用非线性有限元程序计算分析 PCCP 管道中断丝对承载能力的影响，建立了 PC-CP 的非线性有限元模型，并对管施加内压（内水压力）和外载（管和水重、土荷载和车辆荷载的组合作用），由于断丝数目的逐渐增加而使其预应力损失。对于因压碎、拉伸软化和开裂建立的混凝土的非线性模型中包括一个非线性应力-应变关系。PCCP 管模型由砂浆和混凝土实体单元、预应力钢丝杆单元以及钢筒壳单元组成，模型首先给管施加预压力、管和水重、土荷载及内水压力，然后逐渐移除预应力（断丝）。分析结果显示管的最终破坏模式是由于断丝数目的不断增加，管芯混凝土发生结构开裂。

预应力钢筒混凝土管由预应力钢丝和混凝土联合承载。作为一种复合管道，由混凝土、钢筒、钢丝和砂浆组成。国内对断丝的 PCCP 修补加固研究还是空白，特别是用 CFRP 加固后 PCCP 的受力状况、承载机理、破坏过程更加需要研究，因此，采用现场原型试验和数值计算分析相结合的研究方法很有必要。试验可以很好地还原现场 PCCP 的破坏状况，方便数据采集，但是试验也伴随着一定的经济成本和安全因素，数值分析可以对 PCCP 承载的各个阶段进行模拟。

依据北方某大型引水工程 PCCP 各标段的设计参数，选取三种具有代表性且断丝情况下最不利的管型，研究断丝对 PCCP 承载力的影响。

工作内压分别为 0.8MPa 、0.6MPa 和 0.4MPa，其中 0.8MPa 管型又分为单层缠丝和双层缠丝。模型分为混凝土、砂浆、钢筒、钢丝和覆土 5 个部件，其中混凝土、砂浆和覆土可以采用实体单元 C3D8R，钢丝采用桁架单元 T3D2，钢筒采用壳单元 S4R。

混凝土和砂浆选用塑性损伤模型（concrete damage plasticity），钢筒和钢丝选用弹塑性模型。覆土采用分级回填方式回填，分为基础、垫层、管基、回填 1、回填 2 和缓冲。土体均采用 Mohr-Coulomb 塑性准则。

7.2 建立非线性有限元模型预测断丝管的性能

7.2.1 有限元网格

土体影响范围大，考虑 5 倍洞径范围内土的影响。单元划分如图 7-1 所示。

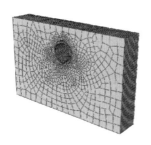
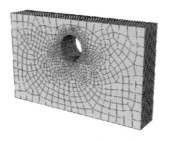

(a) 覆土与管单元划分　　　　(b) 覆土单元划分　　　　(c) 管体单元划分

图 7-1　管土单元划分

7.2.2　边界条件

管道与土体之间为摩擦接触，摩擦系数 $\mu=0.35$。土体分级回填中，管道与各层摩擦系数均相同。土体有一定的沉降，对最下层边界为全约束，沉降随深度增加而降低；两侧边界土体为杆约束，不约束 Y 方向的沉降位移；管两端均为杆约束，PCCP 可沿 Y 方向沉降，不能轴向移动。

7.2.3　预测断丝管的性能

采用非线性有限元软件建立模型，评估断丝管的性能。分别对管芯混凝土、钢筒、钢丝、砂浆和覆土建立 5 个部件，5 个部件之间通过指定相互作用来模拟实际管道。对于预应力钢丝的模拟采用降温法，$\sigma=\alpha \cdot E \cdot \Delta T$。

7.3　断丝数目对承载能力的影响

7.3.1　单层缠丝 PCCP 管断丝评估承载能力评价

单层缠丝的 PCCP 断丝后，作用在断丝区管芯混凝土上的预应力失效，该区域混凝土和钢筒随断丝的增加逐渐由受压状态转换为受拉状态；过渡区钢丝未断开但受内压作用容易屈服；非断丝区管道几乎不受断丝影响。本研究以靠近断丝区钢丝屈服作为标准，管道处于强度极限状态来确定承载内压。C、D 和 F 管断丝内压曲线如图 7-2 所示。不同设计压力断丝阈值如图 7-3 所示，A 管断丝-内压曲线如图 7-4 所示。

F 管工作压力为 0.4MPa，设计压力为 0.676MPa，断丝大于 114 根时，F 管不能承受设计压力，随着断丝的继续，断丝区混凝土开裂、钢筒屈服，最终确定的内压为 0.63MPa。

C 管工作压力为 0.6MPa，设计压力为 0.876MPa，断丝大于 77 根时，C 管不能承受设计压力，随着断丝的继续，断丝-内压曲线趋于平缓，最后压力为 0.66MPa。

D 管工作压力为 0.8MPa，设计压力为 1.12MPa，断丝大于 55 根时，管道不能承受设计压力；断丝 100 根时，管道不能承受工作压力。随着断丝的继续，断丝-内压曲线趋于平缓，最后压力为 0.70MPa。

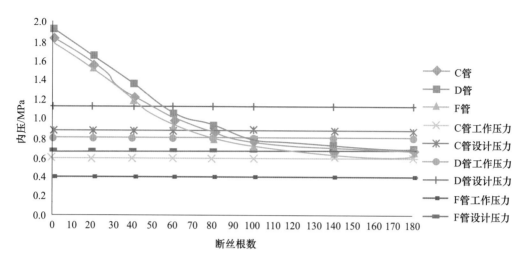

图 7-2 单层缠丝管断丝-内压曲线

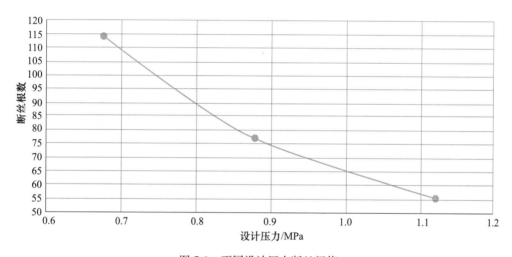

图 7-3 不同设计压力断丝阈值

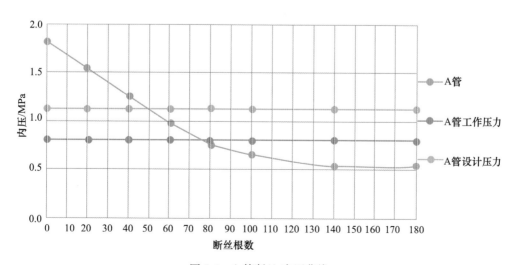

图 7-4 A管断丝-内压曲线

通过计算分析，F管、C管和D管随着断丝的继续，直至预应力完全失效，管体仍能够承受 0.63MPa、0.66MPa 和 0.70MPa 的内压，这是说明在 2mm 厚度的钢筒防渗、开裂后的管芯混凝土支撑和外围土体的约束联合作用下，只要钢筒不腐蚀破坏，就不会发生爆管事故。

A管为试验管，工作压力为 0.8MPa，设计压力为 1.12MPa，不考虑覆土影响。断丝大于 49 根时，A管不能承受设计内压；断丝大于 75 根时，管道不能承受工作内压。A管和D管有相同的工作压力和设计压力，A管为试验管未考虑覆土荷载，D管为实际埋管考虑覆土荷载。与 A 管相比，D 管设计内压断丝阈值为 55 根，阈值提高率为 12.24%；D 管工作内压断丝阈值为 100 根，阈值提高率为 33.33%。断丝数越多，断丝-内压曲线越趋于平缓，断丝对设计压力的影响小于对工作压力的影响，因此设计压力断丝阈值提高率小于工作压力断丝阈值提高率。A 管内压最后区域 0.53MPa，D 管区域 0.70MPa，内压提高率为 32.08%。与 A 管相比，D 管受土垂直压力和侧向压力影响，能提高承载力。A 管与 D 管相比，管体参数不同，材料标号不同，覆土情况不同，因此断丝-内压曲线差别较大。

7.3.2　双层缠丝 PCCP 管断丝评估承载能力评价

E 管为双层缠丝管，断丝情况分为 3 种：断丝全部集中在内层钢丝、断丝全部集中在外层钢丝、内层与外层断丝位置和根数相同。相应地，断丝管编号分别为 EA 管、EB 管和 EC 管，对于内层（外层）单独断丝的管，以外层（内层）钢丝屈服作为管道的损伤极限状态；内外侧同时断丝时以靠近断丝区钢丝屈服为管道损伤极限状态。断丝内压曲线如图 7-5 所示。

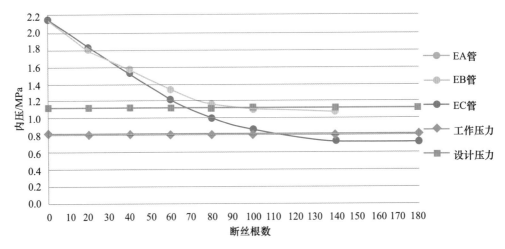

图 7-5　E 管断丝-内压曲线

双层缠丝管断丝分布在内层和外层钢丝中时，管道承载力随断丝的增加而降低，断丝大于 68 根时管道不能承受设计压力；断丝超过 115 根时，管道不能承受工作压力。随着断丝的继续，断丝-内压曲线趋于平缓，钢筒逐渐屈服，有发生爆管的可能，管道不能承受任何内压。与断丝集中在同一层相比，断丝均匀分布在两层的断丝-内压曲线有很大的不同。断丝均匀分布在两层对管道更加不利，与单层缠丝管类似，都存在爆管的风险。

7.3.3　单层和双层缠丝PCCP管断丝阈值

对比分析4种管型的断丝-内压曲线，比较工作压力和设计压力断丝阈值，见表7-1。

表7-1　各管断丝阈值

管编号	工作压力/MPa	设计压力/MPa	工作压力 断丝阈值	设计压力 断丝阈值
C	0.6	0.876	—	77
D	0.8	1.12	100	55
EA	0.8	1.12	—	88
EB	0.8	1.12	—	88
EC	0.8	1.12	115	68
F	0.4	0.676	—	114

F管、C管和D管最后压力均高于0.6MPa。设计压力下断丝阈值如图7-6所示。从图中可知，设计压力越大所对应的断丝阈值越小，断丝阈值随设计压力的增加呈曲线下降趋势。

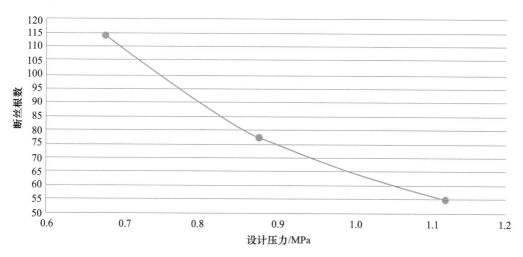

图7-6　单层缠丝管不同设计压力断丝阈值

对比EA管、EB管和EC管，断丝单独分布在内层或者外层时，断丝阈值相近。断丝单独分布在内层或外层比断丝在内外层均匀分布的断丝阈值大，说明断丝内外层同时断丝时对管道更为不利。

7.4　结　　论

突破难以反映PCCP实际破坏过程的传统概念和方法，建立了单层及双层缠丝PC-CP断丝管的非线性有限元模型，研究了北方某大型引水工程PCCP破坏全过程，对存在断丝的PCCP在荷载作用下的力学性态以及结构承载力进行了充分分析和评价，确定了北方某大型引水工程PCCP在工作内压和设计内压下的断丝阈值。

8 北方某大型引水工程 PCCP 断丝管 承载能力的安全评价

PCCP 断丝的危害大，必须对 PCCP 断丝管承载能力进行评价，确定不同设计荷载条件下的断丝阈值，然后针对不同的内压工况，确定安全有效的补强加固方案，早期阶段就对断丝管采取补强加固措施，避免 PCCP 管发生最终破坏，使 PCCP 管能长时间正常工作。

8.1 建立非线性有限元模型预测断丝管的性能

8.1.1 PCCP 断丝管的破坏过程

PCCP 的破坏是一个逐渐发展的过程，从出现第一根断丝开始到断丝数目足够大可以导致 PCCP 破裂的程度需要很长一段时间。断丝应该被看成一种恶化过程，需要许多年的时间。破坏边界是确定损伤管的承载能力失效与断丝数目的关系。

预应力钢丝断裂导致预应力的损失，随着预应力损失区范围的扩大，会出现混凝土管芯开裂和分层。断丝 PCCP 的破坏过程如下：（1）在预应力损失区内随着拉应力的增加混凝土管芯出现微裂缝；（2）预应力损失区内随着管芯的径向膨胀混凝土管芯出现可见的纵向裂缝；（3）断丝区中心和边缘混凝土管芯出现环向裂缝；（4）当钢筒屈服，开裂的混凝土管芯达到其强度，损伤管达到最终的强度。

8.1.2 有限元模型

作为一种复合管道，PCCP 管由混凝土、钢筒、钢丝和砂浆组成。国内对断丝的 PCCP 修补加固研究相对较少，特别是用 CFRP 加固后 PCCP 的受力状况、承载机理、破坏过程更加需要研究，因此采用现场原型试验和数值计算分析相结合的研究方法很有必要。试验可以很好地还原现场 PCCP 的破坏状况，方便数据采集，但是试验也伴随着一定的经济成本和安全因素，数值分析可以对 PCCP 承载的各个阶段进行模拟，方便分析。

8.1.3 本构关系

本书采用混凝土塑性损伤（concrete damage plasticity）模型，该模型适用范围广，而且模型表达精确、概念明确。PCCP 各组成材料的本构关系参见本书第 6 章相关内容。

8.1.4　计算荷载和参数

依据北方某大型引水工程 PCCP 各标段的设计参数，选取三种具有代表性且断丝情况下最不利的管型，研究断丝对 PCCP 承载力的影响。

工作内压分别为 0.8MPa 、0.6MPa 和 0.4MPa，其中 0.8MPa 管型又分为单层缠丝和双层缠丝。各管参数见表 8-1。为了研究试验内压管与实际工程运行管在不同断丝数目下承载能力的差异，选择试验管 A 管与运行管做对比，A 管管体参数见表 8-2。

表 8-1　覆土管管体参数

管编号	工作压力 /MPa	设计压力 /MPa	管道内径 /mm	钢筒外径 /mm	覆土厚度 /m	混凝土等级	管芯厚度 /mm	钢丝直径 /mm	缠丝层数	缠丝间距 /mm
C	0.6	0.876	4000	4183	3	C60	300	7	1	14.30
D	0.8	1.12	4000	4183	2.8	C60	350	7	1	14.30
E			4000	4183	3	C60	260	7	2	21.97
F	0.4	0.676	4000	4166	3	C50	280	7	1	14.64

表 8-2　A 管管体参数

管编号	工作压力 /MPa	设计压力 /MPa	管道内径 /mm	钢筒外径 /mm	混凝土等级	管芯厚度 /mm	钢丝直径 /mm	缠丝层数	缠丝间距 /mm
A	0.8	1.12	2600	2173	C55	220	6	1	12.4

8.1.5　单元类型和材料模型

8.1.5.1　单元类型

模型分为混凝土、砂浆、钢筒、钢丝和覆土 5 个部件，其中混凝土、砂浆和覆土可以采用实体单元 C3D8R，钢丝采用桁架单元 T3D2，钢筒采用壳单元 S4R。

8.1.5.2　材料参数

混凝土和砂浆选用塑性损伤模型（concrete damage plasticity），钢筒和钢丝选用弹塑性模型。覆土采用分级回填方式回填，分为基础、垫层、管基、回填 1、回填 2 和缓冲。土体均采用 Mohr-Coulomb 塑性准则。

8.1.5.3　有限元网格

土体影响范围大，考虑 5 倍洞径范围内土的影响。单元划分如图 8-1 所示。

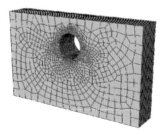

(a) 覆土与管单元划分　　　　　(b) 覆土单元划分　　　　　(c) 管体单元划分

图 8-1　管土单元划分

8.1.6　边界条件

管道与土体之间为摩擦接触，摩擦系数 $\mu=0.35$。土体分级回填中，管道与各层摩擦系数均相同。土体有一定的沉降，对最下层边界为全约束，沉降随深度增加而降低；两侧边界土体为杆约束，不约束 Y 方向的沉降位移；管两端均为杆约束，PCCP 可沿 Y 方向沉降，不能轴向移动。

8.1.7　预测断丝管的性能

采用非线性有限元软件建立模型，评估断丝管的性能。分别对管芯混凝土、钢筒、钢丝、砂浆和覆土建立 5 个部件，5 个部件之间通过指定相互作用来模拟实际管道。对于预应力钢丝的模拟采用降温法，$\sigma=\alpha \cdot E \cdot \Delta T$。混凝土和砂浆都采用实体单元 C3D8R，钢筒采用壳单元 S4R，钢丝采用桁架单元 T3D2。荷载考虑管中、土荷载与内水压力。计算中采用生死单元对钢丝进行逐步断丝。

8.2　断丝数目对承载能力的影响

8.2.1　单层缠丝 PCCP 管断丝评估承载能力评价

单层缠丝的 PCCP 断丝后，作用在断丝区管芯混凝土上的预应力失效，该区域混凝土和钢筒随断丝的增加逐渐由受压状态转换为受拉状态；过渡区钢丝未断开但受内压作用容易屈服；非断丝区管道几乎不受断丝影响。本书研究以靠近断丝区钢丝屈服作为标准，管道处于强度极限状态来确定承载内压。C、D 和 F 管断丝内压曲线如图 8-2 所示。A 管断丝-内压曲线如图 8-3 所示。

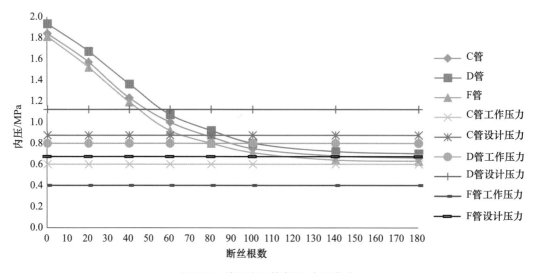

图 8-2　单层缠丝管断丝-内压曲线

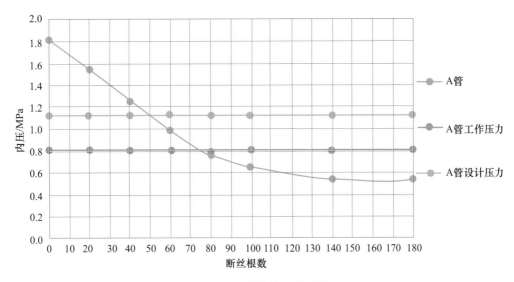

图 8-3　A 管断丝-内压曲线

F 管工作压力为 0.4MPa，设计压力为 0.676MPa，断丝大于 114 根时，F 管不能承受设计压力，随着断丝的继续，断丝区混凝土开裂、钢筒屈服，最终确定的内压为 0.63MPa。

C 管工作压力为 0.6MPa，设计压力为 0.876MPa，断丝大于 77 根时，C 管不能承受设计压力，随着断丝的继续，断丝-内压曲线趋于平缓，最后压力为 0.66MPa。

D 管工作压力为 0.8MPa，设计压力为 1.12MPa，断丝大于 55 根时，管道不能承受设计压力；断丝 100 根时，管道不能承受工作压力。随着断丝的继续，断丝-内压曲线趋于平缓，最后压力为 0.70MPa。

通过计算分析，F 管、C 管和 D 管随着断丝的继续，直至预应力完全失效，管体仍能够承受 0.63MPa、0.66MPa 和 0.70MPa 的内压。

A 管为试验管，工作压力为 0.8MPa，设计压力为 1.12MPa，不考虑覆土影响。断丝大于 49 根时，A 管不能承受设计内压；断丝大于 75 根时，管道不能承受工作内压。A 管和 D 管有相同的工作压力和设计压力，A 管为试验管未考虑覆土荷载，D 管为实际埋管考虑覆土荷载。与 A 管相比，D 管设计内压断丝阈值为 55 根，阈值提高率为 12.24%；D 管工作内压断丝阈值为 100 根，阈值提高率为 33.33%。断丝数越多，断丝-内压曲线越趋于平缓，断丝对设计压力的影响小于对工作压力的影响，因此设计压力断丝阈值提高率小于工作压力断丝阈值提高率。A 管内压最后区域 0.53MPa，D 管区域 0.70MPa，内压提高率为 32.08%。与 A 管相比，D 管受土垂直压力和侧向压力影响，能提高承载力。

8.2.2　双层缠丝 PCCP 管断丝评估承载能力评价

E 管为双层缠丝管，断丝情况分为 3 种：断丝全部集中在内层钢丝、断丝全部集中在外层钢丝、内层与外层断丝位置和根数相同，相应地，断丝管编号分别为 EA 管、EB 管和 EC 管，对于内层（外层）单独断丝的管，以外层（内层）钢丝屈服作为管道的损伤极限状态；内外侧同时断丝时以靠近断丝区钢丝屈服为管道损伤极限状态。E管断丝、内压曲线如图 8-4 所示。

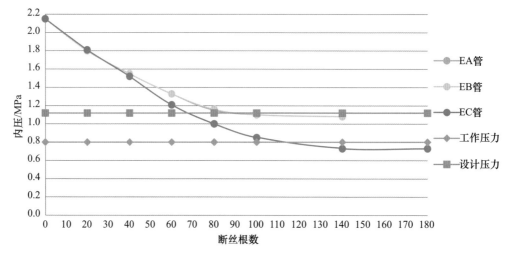

图 8-4　E管断丝-内压曲线

8.2.3　单层和双层缠丝 PCCP 管断丝阈值

对比分析 4 种管型的断丝-内压曲线，比较工作压力和设计压力断丝阈值，见表 8-3。

表 8-3　各管断丝阈值

管编号	工作压力/MPa	设计压力/MPa	工作压力断丝阈值	设计压力断丝阈值
C	0.6	0.876	—	77
D	0.8	1.12	100	55
EA	0.8	1.12	—	88
EB	0.8	1.12	—	88
EC	0.8	1.12	115	68
F	0.4	0.676	—	114

F管、C管和D管最后压力均高于 0.6MPa。设计压力下断丝阈值如图 8-5 所示。从图可知，设计压力越大，所对应的断丝阈值越小，断丝阈值随设计压力的增加呈曲线下降。

对比 EA 管、EB 管和 EC 管，断丝单独分布在内层或者外层时，断丝阈值相近。断丝单独分布在内层或外层比断丝在内外层均匀分布的断丝阈值大，说明断丝内外层同时断丝时对管道更为不利。

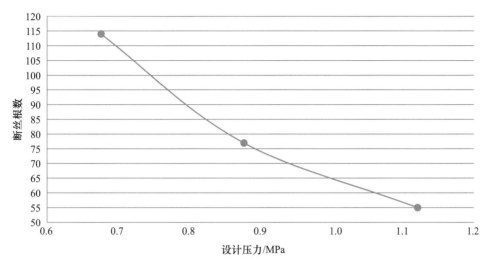

图 8-5　单层缠丝管不同设计压力断丝阈值

8.3　结　　论

在创新驱动下突破难以反映 PCCP 实际破坏过程的传统概念和方法，建立了单层及双层缠丝 PCCP 断丝管的非线性有限元模型，研究了北方某大型引水工程 PCCP 破坏全过程，对存在断丝的 PCCP 在荷载作用下的力学性态以及结构承载力进行了充分分析和评价，确定了北方某大型引水工程 PCCP 在工作内压和设计内压下的断丝阈值。

9 补强加固方案的研究

结合北方某大型引水工程 PCCP 管，分别选取工作压力 0.4MPa、0.6MPa 和 0.8MPa 的管道进行有限元分析，其中工作压力 0.8MPa 的管分为单层缠丝和双层缠丝，其余为单层缠丝。模拟中选取一种典型的管进行分析，对单排管、工作压力 0.8MPa、单层缠丝的管进行逐步断丝过程分析，分为设计压力下 PCCP 无 CFRP 和粘贴 1L＋1H CFRP 两种情况，编号分别为 D1/D2。其余管道计算断丝-内压曲线，得出工作压力断丝阈值与设计压力断丝阈值。

管道几何尺寸见表 9-1。

表 9-1 管道几何尺寸

管编号	内径/mm	钢筒外径/mm	钢筒厚度/mm	工作压力/MPa	覆土厚度/m	管芯混凝土强度等级	管芯厚度/mm	砂浆净厚度/mm	钢丝直径/mm	缠丝层数	缠丝间距/mm
C	4000	4183	2	0.6	3	C60	300	25	7	1	14.30
D	4000	4183	2	0.8	2.8	C60	350	25	7	1	14.30
E	4000	4183	2		3	C60	260	25	7	2	21.97
F	4000	4166	2	0.4	3	C50	280	25	7	1	14.64

9.1 回填覆土分区、计算荷载和参数

9.1.1 回填覆土分区

根据《PCCP 断丝研究工程地质勘查研究报告》，实际埋管土体回填分为：垫层Ⅰ区、管基Ⅱ区、管身Ⅲ区、缓冲覆盖层Ⅳ区、管顶Ⅴ区、复耕Ⅵ区和管身Ⅶ区，如图 9-1 所示。

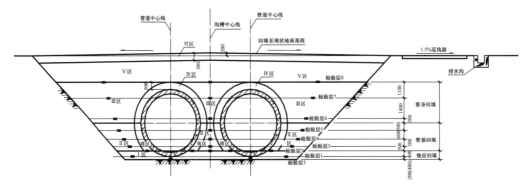

图 9-1 PCCP 回填分布图

　　垫层Ⅰ区是管道支承上覆荷载结构的主要部分，非常重要，回填要求严格。回填的垫层材料应均匀散布在管沟内，沿管道两侧同时均匀回填，每层回填虚铺厚度应小于300mm，然后压实。

　　管基Ⅱ区系指垫层区顶面至管中心高程处的回填区域（不含管身保护Ⅶ区）。管身Ⅲ区系指管中心高程至管顶以上500mm范围内不包括缓冲覆盖层的回填区域。缓冲覆盖层Ⅳ区系指管中心线以上、管外径以外500mm的管半圆周范围内的回填区域。管顶Ⅴ区系指管顶以上500mm到回填地面高程以下500mm范围内的回填区域。复耕Ⅵ区系指回填地面高程以下500mm范围内的回填区域。回填材料为原表层土。管基Ⅶ区系指垫层区顶面至管中心高程处管道周边不小于500mm范围内的回填区域。

　　考虑到建模过程中土对管的影响，对覆土作相应的简化。模型土体分区如图9-2所示。

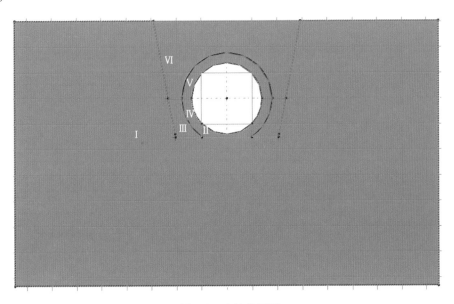

图9-2　土体分区图

　　土体分为基础Ⅰ区、垫层Ⅱ区、回填1Ⅲ区、管基Ⅳ、缓冲Ⅴ区和回填2Ⅵ区。

　　模型基础Ⅰ区是未开挖的部分，为原状土体。模型垫层Ⅱ区为管承载区，比实际垫层Ⅰ区小，选用人工掺和料、经筛选的天然砂砾料、经加工筛选的人工砾石料及中粗砂等细粒料。模型回填1Ⅲ区与实际管身Ⅲ区相对应，比管身Ⅲ区大，优先选用原开挖料回填。模型管基Ⅳ区与实际管基Ⅶ区相对应，比管基Ⅶ区大，选用人工掺合料、经筛选的天然砂砾料、经加工筛选的人工碎石屑、花岗岩强风化砂（经地质人员认可）、砂壤土、粉质黏土等。模型缓冲Ⅴ区与实际缓冲覆盖层Ⅳ区相对应，缓冲覆盖层材料可根据标段开挖料选用人工掺和料、经筛选的天然砂砾料、经加工筛选的人工砾石料、砂壤土、粉质黏土等。土料的参数指标与实际管基Ⅶ区要求相同。模型回填2Ⅵ区相当于实际管身Ⅲ区、管顶Ⅴ区和复耕Ⅵ区。回填材料可采用原土（或碎石）回填，回填材料的最大粒径为500mm。覆土深度2.8m，管底土深度10.0m，管腰受两侧覆土影响范围为5R（R为管外半径），5R范围以外的土体受施工影响较小，可近似认为无影响。

9.1.2 计算荷载

计算模型中模拟实际埋管断丝情况，考虑覆土荷载、管道自重、内水压力。管道自重通过密度和重力加速度来施加，土荷载主要考虑垂直土压力和侧向土压力，建立 5 倍洞径范围内的土模型来考虑土荷载，内水压力通过施加面荷载模拟水压力。管道分为 4 种管型，考虑不同工作压力下断丝数量差异，分为 0.4MPa、0.6MPa 和 0.8MPa，其中 0.8MPa 分为单层缠丝管和双层缠丝管。

9.1.3 计算参数

9.1.3.1 土体分级回填参数

土体选用 Mohr-Coulomb 模型，各区参数见表 9-2。

表 9-2　土体分级回填参数

土体分区	密度 / （kg/m³）	弹性模量 E /MPa	泊松比 ν	凝聚力 c /kPa	内摩擦角 φ	剪胀角	模拟中标示	实际覆土中标示
基础	2100	250	0.32	65	30	0.1	I	-
垫层	2000	160	0.34	30	26	0.1	II	I
回填1	2000	180	0.33	35	28	0.1	III	II
管基	2000	180	0.33	35	28	0.1	IV	VII
缓冲	2000	150	0.34	20	25	0.1	V	IV
回填2	2000	210	0.33	50	30	0.1	VI	III＋V＋VI

9.1.3.2 管体参数

管体参数见表 9-3。

表 9-3　管体参数

管编号	内径 /mm	钢筒外径 /mm	钢筒厚度 /mm	工作压力 /MPa	覆土厚度 /m	管芯混凝土强度等级	管芯厚度 /mm	砂浆净厚度 /mm	钢丝直径 /mm	缠丝层数	缠丝间距 /mm
C	4000	4183	2	0.6	3	C60	300	25	7	1	14.30
D	4000	4183	2	0.8	2.8	C60	350	25	7	1	14.30
E	4000	4183	2		3	C60	260	25	7	2	21.97
F	4000	4166	2	0.4	3	C50	280	25	7	1	14.64

9.2　单元类型及材料本构

9.2.1 单元类型和有限元网格

CFRP、混凝土、砂浆、钢丝和钢筒的本构关系与第 7 章所述一样，采用的单元也相同。混凝土、砂浆和 CFRP 采用实体单元 C3D8R，钢筒采用壳单元 S4R，钢丝采用桁架单元 T3D2，CFRP 与混凝土界面采用黏结单元 COH3D8。D1 单元共 65000 个，节点 71659 个；D2 单元共 69800 个，节点 76699 个。土体影响范围大，与管道相互作用复杂，采用 Solid 单元（C3D8R）。单元划分如图 9-3 所示。

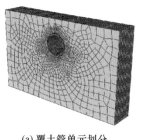　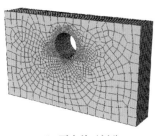　

(a) 覆土管单元划分　　　　　　(b) 覆土单元划分　　　　　　(c) 管体单元划分

图 9-3　单元划分

9.2.2　土体本构

管道相互作用中，土体本构采用 Mohr-Coulomb 模型，Mohr-Coulomb 破坏和强度准则在岩土工程中应用十分广泛，大量的岩土工程计算都采用 Mohr-Coulomb 强度准则。Mohr-Coulomb 强度准则允许材料各向同性硬化或软化；采用光滑的塑性流动势，流动势在子午面上为双曲线形状，在 π 应力平面上为分段椭圆形，在岩土工程领域，可很好地模拟单调荷载作用下材料的力学性状。

9.3　管土相互作用模式与边界条件

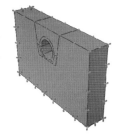

管道与土体之间为摩擦接触，摩擦系数 $\mu=0.35$。土体分级回填中，管道与各层摩擦系数均相同。土体有一定的沉降，对最下层边界为全约束，沉降随深度增加而降低；两侧边界土体为杆约束，不约束 Y 方向的沉降位移；管两端均为杆约束，PCCP 可沿 Y 方向沉降，不能轴向移动。土体边界约束如图 9-4 所示。

图 9-4　土体边界约束

9.4　模拟分析步骤

D1 管与 D2 管分析步骤相同，都是首先加压至设计压力，然后断丝，每次断丝 5 根，一共断丝至 180 根。其中，D1 断丝 175 根后，管道本身不能承受水压，程序收敛性差，所以 D1 断丝至 175 根；D2 断丝至 180 根。

9.5　模拟计算成果

沿管轴线方向取 4 个断面，距承口分别为 0.5m、1.25m、2.0m 和 2.5m，覆土管分为管顶、管底和管腰。对比分析加压、断丝过程中各部件的变化及屈服、开裂情况。

9.5.1 CFRP 应变

加压过程和断丝过程中 CFRP 微应变变化如图 9-5 和图 9-6 所示。

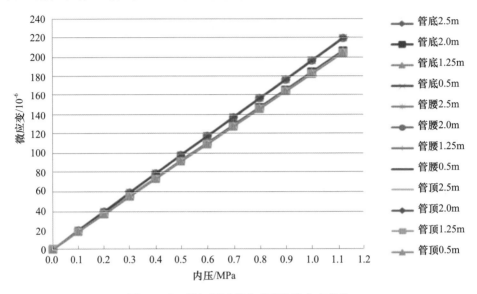

图 9-5　D2 管加压过程中 CFRP 微应变变化

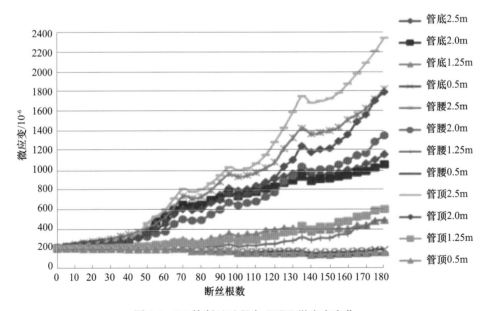

图 9-6　D2 管断丝过程中 CFRP 微应变变化

加压过程 CFRP 随内压的增加线性增长，管腰应变大于管顶和管底，管底与管顶应变相同。CFRP 紧紧地黏结在内侧混凝土表面，加压时混凝土处于弹性阶段，CFRP 相当于混凝土的一部分，没有发挥作用。

断丝过程中管顶 2.5m 应变值大于管腰 2.5m 和管底 2.5m，表明断丝过程中断丝区管顶最容易破坏；相应地，管顶 2.0m 应变值也大于管腰 2.0m 和管底 2.0m；管底 CFRP 应变小于管腰和管顶，说明管底破坏程度小于后两者。2.5m 为破坏最严重部位，CFRP 材料性能也发挥得最明显。

9.5.2 内侧混凝土应变

加压过程和断丝过程 D1 和 D2 管内侧混凝土应变分别如图 9-7 和图 9-8 所示。

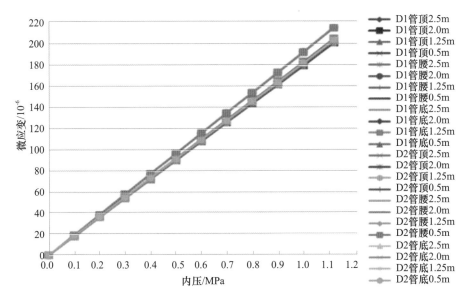

图 9-7 加压过程中内侧混凝土微应变变化

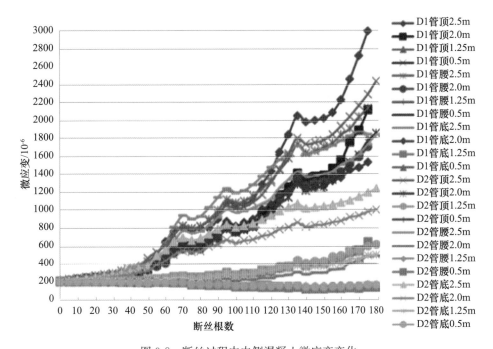

图 9-8 断丝过程中内侧混凝土微应变变化

加压过程中内侧混凝土应变随内压增加线性增加，混凝土处于弹性范围，无任何损伤。管顶与管底应变相同，管腰处应变大于管顶和管底，说明加压过程中内侧混凝土管腰处容易破坏。D1/D2加压过程中应变几乎相同，CFRP在加压时不发挥作用。

断丝过程中2.5m为断丝区，断丝过程中最早出现损伤与破坏的区域；D1和D2断丝小于45根时，内侧混凝土应变随断丝数增加而线性增加，混凝土还处于弹性阶段；断丝数大于45根时，随着断丝数的增加，内侧混凝土出现受压损伤，混凝土进入塑性阶段，首先是在管顶和管底，逐渐扩展至两侧，损伤随着断丝数的增加而增加。断丝125根时，D1管顶2.5m和管底2.5m应变为1646×10^{-6}和1557×10^{-6}，达到混凝土宏观可见裂缝的极限应变为1524×10^{-6}，管顶和管底最先开裂；断丝130根时，D1管腰2.5m处混凝土应变为1571×10^{-6}，断丝区管腰内侧混凝土开裂；断丝过程中，内侧混凝土管顶和管底首先破坏，然后是管腰处破坏。断丝130根时，D2管顶2.5m应变为1625×10^{-6}，管顶内侧混凝土开裂；断丝165根时，D2管腰2.5m应变为1551×10^{-6}，管腰内侧混凝土开裂；D2管底2.5m在断丝过程中没有可见裂缝的极限应变；断丝过程中，内侧混凝土管顶首先破坏，然后是管腰，最后是管底，见表9-4。内侧混凝土断丝区中，CFRP改变了管道应力分布，首先保护管底，然后是管腰，最后是管顶。CFRP将混凝土开裂的对应断丝数增大，延缓了混凝土开裂，相当于保护了混凝土。混凝土开裂后，还有一定的强度，CFRP发挥作用，因此D1管在2.5m处应变值远大于D2管。

表9-4　2.5m截面内侧混凝土开裂时断丝数

	管顶2.5m	管腰2.5m	管底2.5m
D1断丝根数	125	130	125
D2断丝根数	130	165	—

断丝过程中2.0m处由过渡区转换为断丝区，断丝小于50根时，内侧混凝土应变随断丝增加而线性增加，混凝土处于弹性范围；断丝超过50根，受断丝区扰动增大，应变增幅变大；断丝超过70根时，2.0m由过渡区变为断丝区；断丝160根时D1管顶2.0m开裂，断丝170根时D1管腰2.0m开裂，断丝175根时D1管底2.0m开裂，断丝过程中最先破坏为管顶，然后在管腰，最后是管底；断丝165根时D2管顶2.0m开裂，整个断丝过程中，管腰和管底均未开裂，但管腰处应变大于管底，可以预见，随着断丝的继续管腰将先于管底开裂，见表9-5。断丝过程中，内侧混凝土2.0m处最先破坏的是管顶，然后在管腰，最后是管底；D2粘贴1L+1H碳纤维，将混凝土开裂延缓，降低了内侧混凝土的应变，保护了混凝土。

表9-5　2.0m截面内侧混凝土开裂时断丝数

	管顶2.0m	管腰2.0m	管底2.0m
D1断丝根数	160	170	175
D2断丝根数	165	—	—

断丝过程中1.25m处几乎处于全复合区与过渡区，断丝170根后，1.25m由过渡

区转化为断丝区。断丝少于 80 根时，D1 与 D2 均为全复合区，应变几乎不受断丝区影响；断丝超过 80 根时，受断丝影响，由全复合区转化为过渡区，应变随断丝数增加而线性增加；断丝 170 根后，由过渡区转换为断丝区。断丝过程中，内侧混凝土始终未出现可见裂缝。1.25m 处内侧混凝土未开裂，与 D1 相比，D2 降低内侧混凝土应变有限。

断丝过程中 0.5m 远离断丝区，断丝 155 根前，断丝过程中不受断丝区扰动，为全复合区，应变几乎无变化；断丝 160 根后，内侧混凝土应变有较小幅度增加，0.5m 处由全复合区进入过渡区。断丝过程中压力降低，应变也有相应的下降。

9.5.3　钢筒应变

D1 和 D2 钢筒选取距承口 2.5m、2.0m、1.25m 和 0.5m 的 4 个断面分析，每个断面分为管顶、管腰和管底。加压过程和断丝过程钢筒微应变如图 9-9 和图 9-10 所示。

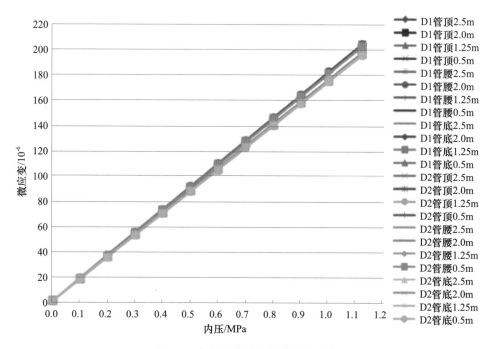

图 9-9　加压过程中钢筒微应变变化

加压过程中钢筒处于弹性阶段，管腰应变值大于管顶和管底，管顶和管底应变值相同，加压过程中管腰处钢筒容易破坏。加压过程中 D1 与 D2 钢筒应变相同，因为加压过程中管道还处于弹性阶段，没有开裂或者破坏，钢丝起主要承担内水压的作用，CFRP 材料性能未发挥。

断丝过程中 D1 管顶 2.5m 和 D1 管腰 2.5m 断丝少于 45 根时，钢筒应变随断丝数增加而线性增加，增加幅度小；断丝大于 50 根时，由于混凝土损伤，钢筒也承担部分内压，钢筒应变增幅变大。由于钢丝给管道施加了一个很大的预应力，加压过程中内水压首先要抵消预压应力 P_0 混凝土才会转为受拉状态，进入断丝过程中，钢筒随混凝土由压状态转为拉状态；钢筒纯受拉屈服应变为 $1088\mu\varepsilon$，PCCP 中钢筒由压转拉，实际中

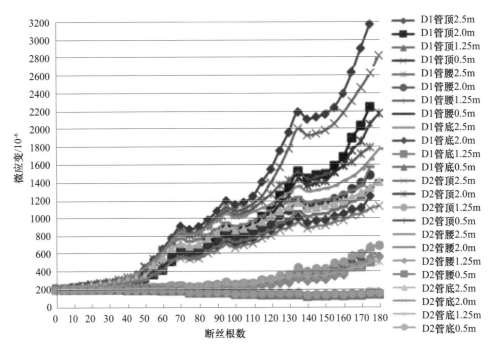

图 9-10　断丝过程中钢筒微应变变化

判断管顶钢筒的屈服时的应变为 $1337\mu\varepsilon$，ε_1 为钢丝施加预压应力在管顶钢筒产生的预压应变。断丝 115 根时，D1 管顶 2.5m 处钢筒屈服，等效塑性应变 PEEQ＞0；断丝 130 根时，D1 管腰 2.5m 处钢筒屈服。相比于管顶和管腰，管底钢筒断丝 50 根前，钢筒应变随断丝数增加而线性增加，增加幅度小；断丝大于 55 根时，钢筒应变增幅变大；D1 管底 2.5m 钢筒屈服要滞后，断丝 170 根时，管底钢筒才屈服。断丝过程中，最先屈服依次为管顶、管腰和管底，与内侧混凝土开裂顺序相同，管顶最容易开裂。相比于 D1，D2 管顶 2.5m 在断丝 120 根时钢筒屈服；D2 管腰 2.5m 断丝 160 根时钢筒屈服，D2 管底 2.5m 断丝 170 根时钢筒屈服。D1 和 D2 在 2.5m 处钢筒屈服时断丝根数见表 9-6。对比 D1 和 D2 在 2.5m 断面的微应变，同等条件下粘贴 1L＋1H 碳纤维可以降低钢筒的应变，钢筒屈服需要断丝更多，粘贴 CFRP 提高管道的安全系数。

表 9-6　2.5m 处断面钢筒屈服时断丝数

	管顶 2.5m	管腰 2.5m	管底 2.5m
D1 断丝根数	115	130	170
D2 断丝根数	120	160	180

断丝过程中 D1 管顶 2.0m 断丝少于 45 根时，钢筒应变随断丝数增加而线性增加，增加幅度小；断丝大于 50 根时，受断丝区影响增大，钢筒应变增幅也变大。随着断丝数量的增加，钢筒应变增大，断丝 70 根时，由过渡区转换为断丝区；断丝 130 根时，D1 管顶 2.0m 处钢筒屈服。D1 管腰 2.0m 和 D1 管底 2.0m 断丝数少于 50 根时，钢筒应变随断丝数增加而线性增加，增加幅度小；断丝大于 55 根时，受断丝区影响增大，钢筒应变增幅也变大。断丝 175 根时，D2 管腰 2.0m 钢筒屈服；整个断丝过程中，D1

管 2.0m 钢筒未屈服。钢筒屈服顺序为管顶、管腰、管底。与 D1 相比，D2 有相同的趋势，断丝 135 根时，D2 管顶 2.0m 处钢筒屈服；断丝 180 根时，D2 管腰 2.0m 处钢筒屈服；整个断丝过程中，D2 管底 2.0m 钢筒未屈服，可以预见，断丝继续，管底 2.0m 处钢筒也将屈服。D1 和 D2 在 2.0m 处钢筒屈服时断丝根数见表 9-7。D2 与 D1 相比，同等条件下粘贴 1L＋1H 碳纤维降低了钢筒应变。

表 9-7　2.0m 处断面钢筒屈服时断丝数

	管顶 2.0m	管腰 2.0m	管底 2.0m
D1 断丝根数	130	175	—
D2 断丝根数	135	180	—

断丝过程中 0.5m 钢筒应变保持不变，断丝 155 根前，几乎不随断丝数增加而变化，为全复合区；断丝 160 根，应变有小幅度增加，由全复合区转换为过渡区。内压下降，钢筒应变也降低。

断丝开始后，2.5m 一直处于断丝区，2.0m 是由过渡区转换为断丝区，1.25m 处由全复合区转换为过渡区再转换为断丝区，0.5m 处钢筒一直处于全复合区，钢筒屈服顺序为 2.5m、2.0m、1.25m、0.5m，钢筒应变越大，CFRP 越能发挥作用，因此，与 D1 相比，D2 降低 2.5m 处钢筒应变最大，2.0m 处次之，然后再是 1.25m，对 0.5m 处断丝区几乎没有降低。

9.5.4　外侧混凝土应变

加压过程和断丝过程分别如图 9-11 和图 9-12 所示。

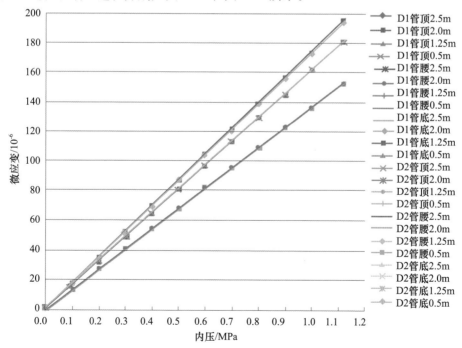

图 9-11　加压过程中外侧混凝土微应变变化

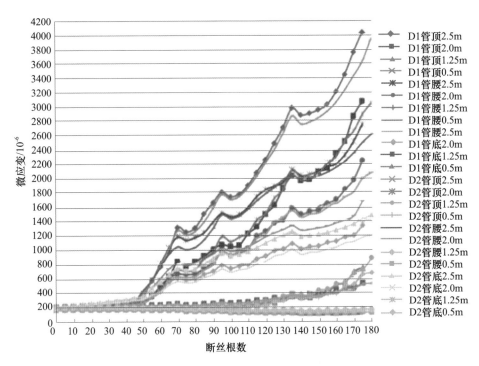

图 9-12　断丝过程中外侧混凝土微应变变化

　　断丝过程中 D1 管顶 2.5m 和 D1 管腰 2.5m 在断丝 45 根前，外侧混凝土应变随断丝数增加而线性增加；断丝大于 50 根时，外侧混凝土应变增幅变大，混凝土出现受拉损伤。D1 管底 2.5m 断丝 50 根前，外侧混凝土应变随断丝数增加而线性增加；断丝数大于 55 根时，管底出现受拉损伤，应变增幅变大。受拉损伤首先出现在管腰，随着断丝数的增加，受拉损伤扩展至管顶，最后扩展至管底。断丝 90 根，D1 管顶 2.5m 应变为 1644×10^{-6}，大于混凝土开裂时的极限应变 1524×10^{-6}，混凝土出现宏观可见裂缝，混凝土开裂；断丝 110 根时，D1 管腰 2.5m 应变为 1583×10^{-6}，混凝土开裂；断丝 175 根时，D1 管底 2.5m 应变为 1662×10^{-6}，混凝土开裂。D2 与 D1 相同，断丝 90 根时，D2 管顶 2.5m 处外侧混凝土开裂；断丝 110 根时，管腰 2.5m 处外侧混凝土开裂；整个断丝过程中，D2 管底 2.5m 处外侧混凝土未开裂，但随着断丝的继续，也会开裂，见表 9-8。与 D1 相比，D2 粘贴 1L＋1H 碳纤维能降低断丝区外侧混凝土应变，但是降低能力有限，管顶和管腰是断丝区中最先破坏的位置，管底最后破坏。

表 9-8　2.5m 断面外侧混凝土开裂时断丝数

	管顶 2.5m	管腰 2.5m	管底 2.5m
D1 断丝根数	90	110	175
D2 断丝根数	90	110	—

　　断丝过程中 D1 管顶 2.0m、D1 管腰 2.0m 和管底 2.0m 断丝 50 根前，外侧混凝土应变随断丝数增加而线性增加；断丝数大于 55 根时，受断丝扰动增加混凝土出现受拉损伤，应变增幅变大。断丝 125 根时，D1 管顶 2.0m 应变为 1610×10^{-6}，大于混凝土

开裂时的极限应变 $1524×10^{-6}$，混凝土出现宏观可见裂缝，混凝土开裂；断丝 135 根时，D1 管腰 2.0m 应变为 $1572×10^{-6}$，混凝土开裂；整个断丝过程中，D1 管底 2.0m 处外侧混凝土未开裂。D2 与 D1 混凝土开裂时，有相同的断丝根数，见表 9-9。与外侧混凝土 2.5m 类似，CFRP 没有显著降低外侧混凝土应变。

表 9-9　2.0m 断面外侧混凝土开裂时断丝数

	管顶 2.0m	管腰 2.0m	管底 2.0m
D1 断丝根数	125	135	—
D2 断丝根数	125	135	—

断丝过程中 0.5m 在断丝 155 根前，外侧混凝土应变几乎不随断丝数的增加而变化，为全复合区；断丝超过 160 根时，应变随断丝增加有小幅度增加，由全复合区转换为过渡区。内压下降，应变也有相应的降低。处于全复合区与过渡区中，CFRP 材料性能未发挥，D1 与 D2 应变相近。

9.5.5　钢丝应变

加压过程和断丝过程钢丝应变分别如图 9-13 和图 9-14 所示。

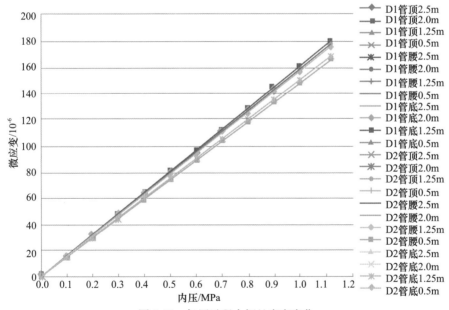

图 9-13　加压过程中钢丝应变变化

D1 和 D2 管 2.0m 处断丝 50 根前处于过渡区，钢丝应变随断丝数增加而线性增加，增加幅度小；断丝 55 根后，混凝土出现损伤，钢丝应变增幅变大。钢丝的缠丝应力为 $f_{sg}=1099MPa$，屈服应力为 $f_{sy}=1177.5MPa$，PCCP 未加压前钢丝已经产生应变，钢丝达到屈服时的应变为 $407\mu\varepsilon$，断丝 65 根时，管顶、管腰和管底应变分别为 $611×10^{-6}$、$652×10^{-6}$ 和 $500×10^{-6}$，超过钢丝的屈服应变，钢丝屈服，应变增幅变得更大；钢丝屈服后应变增幅变小。断丝 45 根时，钢丝管腰应变超过管底和管顶，此后，管腰应变增幅大于管顶和管底。与 D1 相比，相同条件下，钢丝屈服前 D2 管钢丝应变未明显降低，CFRP 未发挥作用；钢丝屈服后，CFRP 材料特性得以发挥，钢丝应变有明显降低。

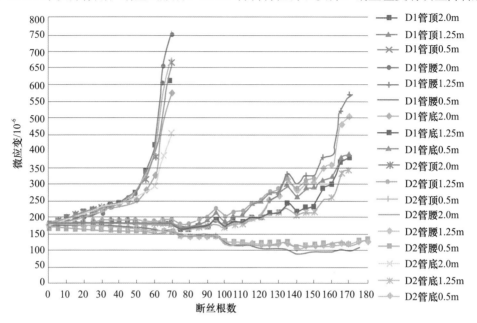

图 9-14　断丝过程中钢丝应变

D1 和 D2 管 0.5m 处断丝 155 根前，管腰、管顶和管底钢丝应变几乎不受断丝影响，处于全复合区，应变随内压降低而下降；断丝 160 根后，钢丝应变随断丝数增加而增加，转换为过渡区。全复合区与过渡区中钢丝均未屈服，混凝土未开裂，CFRP 材料性能未发挥，D1 与 D2 应变相近。

9.5.6　砂浆应变

加压过程和断丝过程砂浆应变分别如图 9-15 和图 9-16 所示。

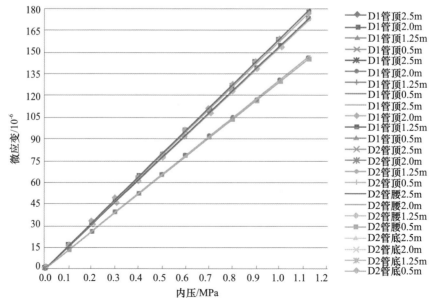

图 9-15　加压过程在砂浆外表面应变值

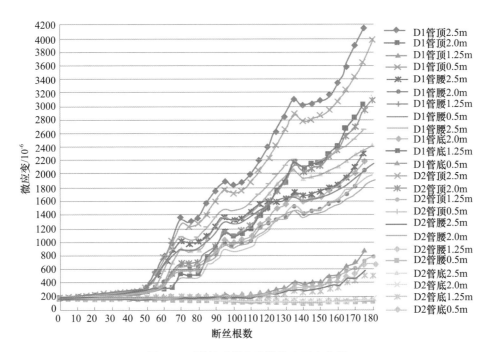

图 9-16　断丝过程中砂浆外表面应变值

加压过程中砂浆处于弹性阶段，应变随内压增加而线性增加。D1 与 D2 管顶与管底应变相近，管腰最小，加压过程中管顶和管底最容易破坏。相同情况下，CFRP 材料性能未发挥，D1 与 D2 应变值相近。

断丝 45 根前，D1 和 D2 管顶 2.5m、管腰 2.5m 砂浆应变随断丝数增加而线性增加，增加幅度小；断丝 50 根后，管顶和管腰出现受拉损伤，进入塑性阶段，砂浆应变增幅变大。断丝 70 根后，D1 管顶 2.5m 和 D2 管顶 2.5m 应变分别为 1355×10^{-6}、1271×10^{-6}，超过砂浆出现宏观可见裂缝的极限应变 $\varepsilon'_m = 1122 \times 10^{-6}$，砂浆开裂；断丝 90 根后，D1 管腰 2.5m 和 D2 管腰 2.5m 处砂浆应变分别为 1225×10^{-6}、1136×10^{-6}，砂浆开裂。砂浆开裂后，CFRP 材料性能得以发挥，随着断丝数的增加，降低了砂浆应变。断丝 50 根前，D1 和 D2 管底 2.5m 砂浆应变随断丝数增加而线性增加，增加幅度小；断丝 55 根后，砂浆管底出现受拉损伤，进入塑性阶段，砂浆应变增幅变大。断丝 85 根时，D1 管底 2.5m 砂浆应变为 1214×10^{-6}，砂浆开裂；断丝 90 根时，D2 管底 2.5m 砂浆应变为 1235×10^{-6}，砂浆开裂，见表 9-10。D1 管中，断丝区砂浆开裂顺序依次为管顶、管底和管腰，管顶最先开裂。D2 管中，断丝区砂浆开裂顺序依次为管顶、管腰和管底（断丝根数相同时，开裂时管腰应变比管底小，说明管腰先开裂）。与 D1 相比，CFRP 调整砂浆应力分布，砂浆未开裂前，CFRP 材料性能难以发挥，降低砂浆应变值有限，砂浆开裂后，砂浆还有一定的承载力，CFRP 材料性能得以发挥，明显降低砂浆应变。CFRP 在 D2 管管顶和管腰中没有延缓砂浆开裂，管底是最后开裂的部位，得到了延缓。

表 9-10　2.5m 断面砂浆开裂时断丝数

	管顶 2.5m	管腰 2.5m	管底 2.5m
D1 断丝根数	70	90	85
D2 断丝根数	70	90	90

断丝 50 根前，D1 和 D2 管顶 2.0m、管腰 2.0m 断丝 50 根前，砂浆应变随断丝数增加而线性增加，增加幅度小；断丝 55 根后，2.0m 处砂浆出现受拉损伤，应变增幅变大。断丝 95 根时，D1 管顶 2.0m 和 D2 管顶 2.0m 砂浆开裂；断丝 115 根时，D1 管腰 2.0m 和 D2 管腰 2.0m 砂浆开裂。断丝 60 根前，D1 和 D2 管底 2.0m 砂浆应变随断丝数增加而线性增加，增加幅度小；断丝 65 根后，2.0m 处管底砂浆出现受拉损伤，应变增幅变大。断丝 115 根时，D1 管底 2.0m 砂浆开裂；断丝 120 根时，D2 管底 2.0m 砂浆开裂。砂浆开裂时断丝根数见表 9-11。砂浆开裂后，D1 与 D2 砂浆应变差距逐渐变大，2.0m 处砂浆开裂顺序与 2.5m 处相同。

表 9-11　2.0m 断面砂浆开裂时断丝数

	管顶 2.0m	管腰 2.0m	管底 2.0m
D1 断丝根数	95	115	115
D2 断丝根数	95	115	120

断丝 160 根前，0.5m 处砂浆应变几乎受断丝影响，内压降低，应变值也会相应降低，为全复合区；断丝 165 根后，砂浆应变随断丝数增加而增加，砂浆由全复合区转换为过渡区。如果断丝继续，表现出与 1.25m 处砂浆类似的规律。D1 与 D2 在 0.5m 处应变接近，全复合区中 CFRP 未发挥作用。

9.6　加压过程与断丝过程各阶段分析

9.6.1　加压阶段

加压过程中管道在设计压力下运行。混凝土处于弹性受压状态，PCCP 完好无损，内水压还未完全抵消预应力钢丝施加的环向预压应力。D1 与 D2 钢筒分别为 23.7MPa、24.6MPa，为钢筒屈服强度的 10.5%、10.9%，远小于钢筒的屈服强度。D1 与 D2 钢丝应力最大分别为 1136MPa、1127MPa，小于钢丝的屈服应力 1177.5MPa。D2 管中 CFRP 应力最大为 11.8MPa，远小于 CFRP 的抗拉强度。在覆土作用下，管顶、管腰和管底出现不同的受力状态，设计压力状态下管道主要由预应力钢丝承担内水压。

9.6.2　断 35 根

砂浆损伤逐渐由外向内和由管腰向管顶与管底扩展，断 35 根时，外侧混凝土出现受拉损伤，砂浆损伤也由管腰向管顶与管底扩展，内侧混凝土未出现损伤，但是相同位置内侧混凝土应变大于外侧混凝土，说明断丝区内侧混凝土受压，外侧混凝土受拉。随着断丝的继续，损伤也将扩展到内侧混凝土。断丝区内侧混凝土、外侧混凝土和钢筒所有部位全部转换为受拉状态。D1 管断丝区钢筒管顶、管腰和管底应变分别为 12.4MPa、3.84MPa 和 10.7MPa，分别为钢筒屈服应力的 5.5%、1.7% 和 4.8%；D2 管断丝区钢筒管顶、管腰和管底应变分别为 12.8MPa、3.84MPa 和 9.0MPa，分别为钢筒屈服应力的 5.7%、1.7% 和 4%，均远远小于钢筒的屈服应力，钢材性能未发挥。D1 与 D2 钢丝应力最大分别为 1153MPa 与 1144MPa，小于钢丝的屈服强度。断丝区主要承载体为混凝土。CFRP 应力最大为 7.12MPa，发挥作用有限。

9.6.3 断 90 根

断丝过程中，断丝区外侧混凝土受拉，内侧混凝土受压，外侧混凝土将首先开裂。由前面的分析可知，外侧混凝土开裂顺序依次为管顶、管腰和管底。断 90 根时，D1 管和 D2 断丝区管顶 2.5m 处应变分别为 1644×10^{-6}、1563×10^{-6}，大于混凝土开裂时的极限应变 1524×10^{-6}，将首先开裂。断丝 90 根时，D1 管、D2 管断丝区外侧混凝土受拉损伤最大分别为 0.84、0.77，外侧混凝土开裂，基本退出工作。D1 管、D2 管断丝区钢筒应力急剧增加，最大分别为 172MPa 和 160MPa，小于其屈服强度；过渡区钢丝应力最大分别为 1200MPa、1193MPa，大于钢丝的屈服应力 1177.5MPa，钢丝屈服。随着断丝数量的增加，过渡区对于管截面中心 2.5m 影响逐渐减弱，直至最后无影响。钢材和 CFRP 起主要承载体。D2 管中 CFRP 应力最大为 68MPa，CFRP 发挥很小作用，但远小于其抗拉强度，CFRP 不仅降低了钢筒、钢丝应力，也降低了混凝土损伤。

9.6.4 D1 管断丝 115 根 D2 管断丝 120 根

外侧混凝土开裂后与钢筒黏结力逐渐减小，最终与钢筒完全脱落。钢筒失去外侧混凝土的约束，更容易屈服。由前文分析可知，同一截面钢筒屈服部位依次为管顶、管腰和管底，与外侧混凝土开裂顺序相同。D1 管断丝 115 根时，管顶 2.5m 处钢筒进入塑性阶段，等效塑性应变（PEEQ）大于零，钢筒屈服；D2 管断丝 120 根时，管顶 2.5m 才屈服。受混凝土材料非线性的影响，管顶钢筒应变超过屈服应变 $1088\mu\varepsilon$，此时，管顶钢筒屈服，管腰和管底钢筒未屈服，D1 管腰和管底钢筒应力分别为 182MPa、150MPa，D2 管腰和管底钢筒应力分别为 178MPa、146MPa，均小于屈服应力。D1 管与 D2 管过渡区钢丝应力最大分别为 1194MPa 与 1187MPa，超过钢丝的屈服应力 1177.5MPa，钢丝屈服。断丝区内外侧混凝土受拉损伤值高，退出工作。管顶 2.5m CFRP 应力为 92.2MPa，CFRP 材料性能发挥明显。与 D1 管相比，CFRP 将 D2 管钢筒屈服延迟，降低了钢筒应力。

9.6.5 D1 管断丝 125 根 D2 管断丝 130 根

断丝区钢筒部分屈服后，与内侧混凝土黏结强度减弱，内侧混凝土会随后开裂。D1 管同一断面内侧混凝土开裂部位依次为管顶、管底和管腰，管顶最易开裂。断丝 125 根时，D1 管顶 2.5m 处管芯混凝土应变为 1646×10^{-6}，超过混凝土宏观开裂时的极限应变，首先开裂；断丝 130 根时，D2 管顶 2.5m 处混凝土应变为 1625×10^{-6}，超过混凝土宏观开裂时的极限应变，首先宏观开裂。D1 管中，钢筒 2.5m 处管腰和管底还未屈服，应力分别为218MPa、186MPa；D2管中，钢筒2.5m处管腰和管底还未屈服，应力分别为201MPa、185MPa；均小于钢筒的屈服强度，钢材性能发挥明显。D1管和D2管过渡区钢丝应力最大为1191MPa、1187MPa，超过钢丝的屈服应力1177.5MPa，钢丝屈服。管道的主要承载体为钢筒与CFRP。断丝区CFRP应力最大为105MPa，CFRP发挥作用，在D2管中延缓了内侧混凝土的宏观开裂，并降低了断丝区管腰和管顶处钢筒应力。

9.6.6　D1管断丝175根D2管断丝180根

D1管和D2管全部破坏阶段，断丝区中钢筒管顶、管腰和管底全部屈服，内、外侧混凝土管顶、管腰和管底全部宏观开裂。钢筒全部屈服后管道容易发生爆管，不能承受任何内压。D1管中断丝175根时，断丝区钢筒2.5m处各部位全部屈服，内、外侧混凝土2.5m处各部位全部宏观开裂；D2管断丝180根时，断丝区钢筒2.5m处各部位全部屈服，内、外侧混凝土2.5m处管顶和管腰均宏观开裂，管底微观开裂。断丝175根时，D1管中钢筒断丝区面积为32.85mm²，为整根管钢筒面积的49.99%；钢筒屈服面积为8.21mm²，为断区钢筒面积的24.99%，整根管钢筒面积的12.49%。断丝180根时，D2管中断丝区面积为33.77mm²，为整根管钢筒面积的51.39%；钢筒屈服面积为5.87mm²，为断丝区面积的17.38%，整根管钢筒面积的8.93%。D1管与D2管钢筒屈服面积及比例见表9-12。与D1管相比，D2管钢筒屈服面积减小。

表9-12　管道钢筒屈服面积及比例

管道断丝数	钢筒屈服面积/mm²	断丝区钢筒面积/mm²	整根管钢筒面积/mm²	断丝区钢筒占整根管钢筒比例	屈服钢筒占断丝区钢筒比例	屈服钢筒占整根管钢筒比例
D1管断丝175根	19.75	32.85	65.71	49.99%	60.12%	30.06%
D2管断丝180根	15.03	33.77	65.71	51.39%	44.51%	22.87%

9.7　PCCP断丝管补强加固效果评价

9.7.1　单层缠丝断丝管补强加固效果评价

C管、D管和F管为单层缠丝。以靠近断丝区钢丝屈服作为标准，管道处于损伤极限状态来确定承载内压。

C管粘贴不同层数CFRP时断丝-内压曲线如图9-17所示。

C管工作压力为0.6MPa，设计压力为0.876MPa。C管不粘贴碳纤维，断丝大于77根时，管道不能承受设计压力，随着断丝的继续，断丝-内压曲线趋于平缓，钢筒逐渐屈服，管道不能承受任何内压，最后压力为0.66MPa。

C管粘贴CFRP为1L+1H，断丝超过88根时，管道不能承受设计压力。管道最后压力为0.76MPa，相比于不贴CFRP的管，最后压力提高了15.15%。随着断丝的增

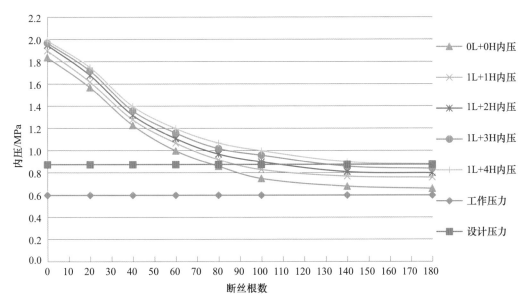

图 9-17 C 管粘贴不同 CFRP 断丝-内压曲线

注：L 表示 CFRP 纵向粘贴，H 表示 CFRP 环向粘贴。

加，钢筒屈服，管道不能承担内压。

C 管粘贴 CFRP 为 1L＋2H，断丝超过 108 根时，管道不能承受设计压力。管道最后压力为 0.80MPa，相比于不贴 CFRP 的管，最后压力提高了 21.21％。随着断丝的增加，钢筒屈服，管道不能承担内压。

C 管粘贴 CFRP 为 1L＋3H，断丝超过 128 根时，管道不能承受设计压力。管道最后压力为 0.84MPa，相比于不贴 CFRP 的管，最后压力提高了 27.27％。随着断丝的增加，钢筒屈服，管道不能承担内压。

C 管粘贴 CFRP 为 1L＋4H，在损伤极限状态下，钢筒屈服，CFRP 发挥效果明显。管道最后压力为 0.88MPa，相比于不贴 CFRP 的管，最后压力提高了 33.33％。随着断丝的增加，钢筒屈服，管道不能承担内压。C 管不同 CFRP 粘贴层数最终压力见表 9-13。

表 9-13 C 管不同 CFRP 粘贴层数最终压力

CFRP 粘贴层数	最终压力/MPa	提高百分比
0	0.66	—
1L＋1H	0.76	15.15％
1L＋2H	0.8	21.21％
1L＋3H	0.84	27.27％
1L＋4H	0.88	33.33％

D 管粘贴不同层数 CFRP 时断丝-内压曲线如图 9-18 所示。

D 管工作压力为 0.8MPa，设计压力为 1.12MPa。D 管不粘贴碳纤维，断丝大于 55 根时，管道不能承受设计压力；断丝大于 100 根时，管道不能承受工作压力，随着断丝的继续，断丝-内压曲线趋于平缓，钢筒逐渐屈服，管道不能承受任何内压，最后压力为 0.70MPa。

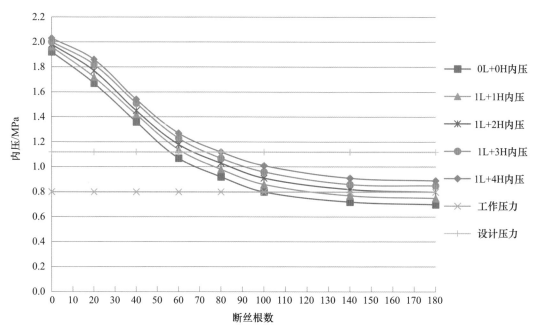

图 9-18 D 管粘贴不同 CFRP 断丝-内压曲线

注：L 表示 CFRP 纵向粘贴，H 表示 CFRP 环向粘贴。

D 管粘贴 CFRP 为 1L+1H，断丝超过 62 根时，管道不能承受设计压力；断丝超过 123 根时，管道不能承受工作压力。管道最后压力为 0.75MPa，相比于不贴 CFRP 的管，最后压力提高了 7.14%。随着断丝的增加，钢筒屈服，管道不能承担内压。

D 管粘贴 CFRP 为 1L+2H，断丝超过 67 根时，管道不能承受设计压力。管道最后压力为 0.80MPa，相比于不贴 CFRP 的管，最后压力提高了 14.29%。随着断丝的增加，钢筒屈服，管道不能承担内压。

D 管粘贴 CFRP 为 1L+3H，断丝超过 72 根时，管道不能承受设计压力。管道最后压力为 0.85MPa，相比于不贴 CFRP 的管，最后压力提高了 21.43%。随着断丝的增加，钢筒屈服，管道不能承担内压。

D 管粘贴 CFRP 为 1L+4H，在损伤极限状态下，断丝超过 80 根时，管道不能承受设计压力。管道最后压力为 0.89MPa，相比于不贴 CFRP 的管，最后压力提高了 27.14%。随着断丝的增加，钢筒屈服，管道不能承担内压。D 管不同 CFRP 粘贴层数最终压力见表 9-14。

表 9-14 D 管不同 CFRP 粘贴层数最终压力

CFRP 粘贴层数	最终压力	提高百分比
0	0.7	—
1L+1H	0.75	7.14%
1L+2H	0.8	14.29%
1L+3H	0.85	21.43%
1L+4H	0.89	27.14%

F 管粘贴不同层数 CFRP 时断丝-内压曲线如图 9-19 所示。

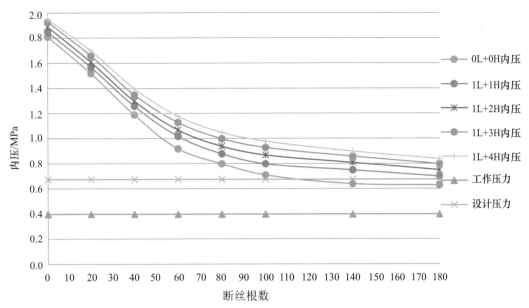

图 9-19 F 管粘贴不同 CFRP 断丝-内压曲线

注：L 表示 CFRP 纵向粘贴，H 表示 CFRP 环向粘贴。

F 管工作压力为 0.4MPa，设计压力为 0.676MPa。F 管不粘贴碳纤维，断丝大于 114 根时，管道不能承受设计压力，随着断丝的继续，断丝-内压曲线趋于平缓，钢筒逐渐屈服，管道不能承受任何内压，最后压力为 0.63MPa。

F 管粘贴 CFRP 为 1L＋1H，管道最后压力为 0.70MPa，高于管道的设计压力 0.676MPa，相比于不贴 CFRP 的管，最后压力提高了 11.11%。随着断丝的增加，钢筒屈服，管道不能承担内压。

F 管粘贴 CFRP 为 1L＋2H，管道最后压力为 0.75MPa，高于管道的设计压力 0.676MPa，相比于不贴 CFRP 的管，最后压力提高了 19.05%。随着断丝的增加，钢筒屈服，管道不能承担内压。

F 管粘贴 CFRP 为 1L＋3H，管道最后压力为 0.80MPa，高于管道的设计压力 0.676MPa，相比于不贴 CFRP 的管，最后压力提高了 26.98%。随着断丝的增加，钢筒屈服，管道不能承担内压。

F 管粘贴 CFRP 为 1L＋4H，管道最后压力为 0.84MPa，高于管道的设计压力 0.676MPa，相比于不贴 CFRP 的管，最后压力提高了 33.33%。随着断丝的增加，钢筒屈服，管道不能承担内压。F 管不同 CFRP 粘贴层数最终压力见表 9-15。

表 9-15 F 管不同 CFRP 粘贴层数最终压力

CFRP 粘贴层数	最终压力/MPa	提高百分比
0	0.63	—
1L＋1H	0.70	11.11%
1L＋2H	0.75	19.05%
1L＋3H	0.80	26.98%
1L＋4H	0.84	33.33%

9.7.2 双层缠丝断丝管补强加固效果评价

断丝情况分为3种：断丝全部集中在内层钢丝、断丝全部集中在外层钢丝、内层与外层断丝位置和根数相同，相应地，断丝管编号分别为 EA 管、EB 管和 EC 管。对于内层（外层）单独断丝的管，以外层（内层）钢丝屈服作为管道的损伤极限状态；内外侧同时断丝时以靠近断丝区钢丝屈服为管道损伤极限状态。

EA 管粘贴不同层数 CFRP 时断丝-内压曲线如图 9-20 所示。

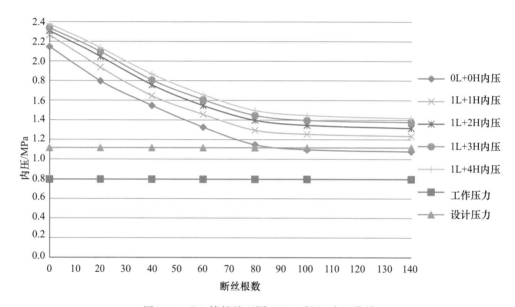

图 9-20　EA 管粘贴不同 CFRP 断丝-内压曲线
注：L 表示 CFRP 纵向粘贴，H 表示 CFRP 环向粘贴。

EA 管工作压力为 0.8MPa，设计压力为 1.12MPa。EA 管不粘贴碳纤维，断丝大于 87 根时，管道不能承受设计压力，随着断丝的继续，断丝-内压曲线趋于平缓，最后压力为 1.08MPa。断丝集中在内层时，还有外层钢丝提供预压应力，即使外侧钢丝屈服，钢筒也未屈服，还不足以发生爆管。

EA 管粘贴 CFRP 为 1L＋1H，管道最后压力为 1.24MPa，高于管道的设计压力 1.12MPa，相比于不贴 CFRP 的管，最后压力提高了 14.81%。

EA 管粘贴 CFRP 为 1L＋2H，管道最后压力为 1.32MPa，高于管道的设计压力 1.12MPa，相比于不贴 CFRP 的管，最后压力提高了 22.22%。

EA 管粘贴 CFRP 为 1L＋3H，管道最后压力为 1.38MPa，高于管道的设计压力 1.12MPa，相比于不贴 CFRP 的管，最后压力提高了 27.78%。

EA 管粘贴 CFRP 为 1L＋4H，管道最后压力为 1.42MPa，高于管道的设计压力 1.12MPa，相比于不贴 CFRP 的管，最后压力提高了 31.48%。随着断丝的增加，钢筒屈服，管道不能承担内压。EA 管不同 CFRP 粘贴层数最终压力见表 9-16。

表 9-16　EA 管不同 CFRP 粘贴层数最终压力

CFRP 粘贴层数	最终压力/MPa	提高百分比
0	1.08	—
1L+1H	1.24	14.81%
1L+2H	1.32	22.22%
1L+3H	1.38	27.78%
1L+4H	1.42	31.48%

EB 管粘贴不同层数 CFRP 时断丝-内压曲线如图 9-21 所示。

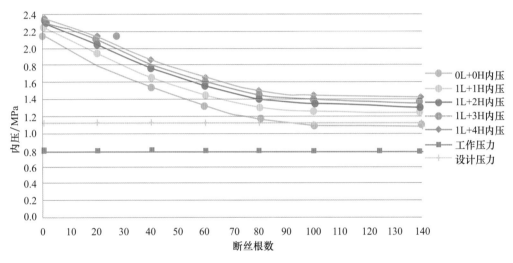

图 9-21　EB 管粘贴不同 CFRP 断丝-内压曲线
注：L 表示 CFRP 纵向粘贴，H 表示 CFRP 环向粘贴。

EB 管工作压力为 0.8MPa，设计压力为 1.12MPa。EB 管不粘贴碳纤维，断丝大于 88 根时，管道不能承受设计压力，随着断丝的继续，断丝-内压曲线趋于平缓，最后压力为 1.08MPa。断丝集中在内层时，还有外层钢丝提供预压应力，即使外侧钢丝屈服，钢筒也未屈服，还不足以发生爆管。

EB 管粘贴 CFRP 为 1L+1H，管道最后压力为 1.24MPa，高于管道的设计压力 1.12MPa，相比于不贴 CFRP 的管，最后压力提高了 14.81%。

EB 管粘贴 CFRP 为 1L+2H，管道最后压力为 1.30MPa，高于管道的设计压力 1.12MPa，相比于不贴 CFRP 的管，最后压力提高了 20.37%。

EB 管粘贴 CFRP 为 1L+3H，管道最后压力为 1.36MPa，高于管道的设计压力 1.12MPa，相比于不贴 CFRP 的管，最后压力提高了 25.93%。

EB 管粘贴 CFRP 为 1L+4H，管道最后压力为 1.41MPa，高于管道的设计压力 1.12MPa，相比于不贴 CFRP 的管，最后压力提高了 30.56%。随着断丝的增加，钢筒屈服，管道不能承担内压。EB 管不同 CFRP 粘贴层数最终压力见表 9-17。内层钢丝与外层钢丝中心距为 14mm，两层钢丝缠丝应力相差不大，因此断丝时承载力也不会差别特别大。

表 9-17　EB 管不同 CFRP 粘贴层数最终压力

CFRP 粘贴层数	最终压力	提高百分比
0	1.08	—
1L+1H	1.24	14.81%
1L+2H	1.30	20.37%
1L+3H	1.36	25.93%
1L+4H	1.41	30.56%

EC 管粘贴不同层数 CFRP 时断丝-内压曲线如图 9-22 所示。

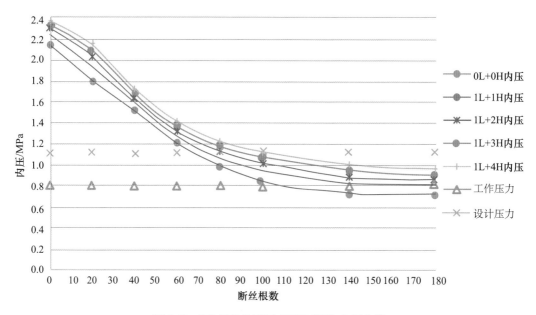

图 9-22　EC 管粘贴不同 CFRP 断丝-内压曲线

注：L 表示 CFRP 纵向粘贴，H 表示 CFRP 环向粘贴。

　　EC 管工作压力为 0.8MPa，设计压力为 1.12MPa。EC 管不粘贴碳纤维，断丝大于 67 根时，管道不能承受设计压力，断丝 113 根时，管道不能承受工作压力。随着断丝的继续，断丝-内压曲线趋于平缓，钢筒逐渐屈服，管道不能承受任何内压，最后压力为 0.73MPa。

　　EC 管粘贴 CFRP 为 1L+1H，断丝 73 根时，管道不能承受设计压力。随着断丝的继续，断丝-内压曲线趋于平缓，钢筒逐渐屈服，管道不能承受任何内压。最后压力为 0.82MPa，高于管道的工作压力 0.80MPa，相比于不贴 CFRP 的管，最后压力提高了 12.33%。

　　EC 管粘贴 CFRP 为 1L+2H，断丝 80 根时，管道不能承受设计压力。随着断丝的继续，断丝-内压曲线趋于平缓，钢筒逐渐屈服，管道不能承受任何内压。最后压力为 0.87MPa，高于管道的工作压力 0.80MPa，相比于不贴 CFRP 的管，最后压力提高了 19.18%。

　　EC 管粘贴 CFRP 为 1L+3H，断丝 91 根时，管道不能承受设计压力。随着断丝的继续，断丝-内压曲线趋于平缓，钢筒逐渐屈服，管道不能承受任何内压。最后压力为0.91MPa，高于管道的工作压力0.80MPa，相比于不贴CFRP的管，最后压力提高了24.66%。

EC管粘贴CFRP为1L+4H，断丝101根时，管道不能承受设计压力。随着断丝的继续，断丝-内压曲线趋于平缓，钢筒逐渐屈服，管道不能承受任何内压，最后压力为0.97MPa，高于管道的工作压力0.80MPa，相比于不贴CFRP的管，最后压力提高了32.88%。EC管不同CFRP粘贴层数最终压力见表9-18。

表 9-18　EC管不同CFRP粘贴层数最终压力

CFRP 粘贴层数	最终压力/MPa	提高百分比
0	0.73	—
1L+1H	0.82	12.33%
1L+2H	0.87	19.18%
1L+3H	0.91	24.66%
1L+4H	0.97	32.88%

9.7.3　单层和双层缠丝 PCCP 管断丝阈值

9.7.3.1　单层缠丝 PCCP 管断丝阈值

C管、D管和F管的工作压力断丝阈值和设计压力断丝阈值见表9-19、表9-20和表9-21。

表 9-19　C管断丝阈值

CFRP 粘贴层数	工作压力断丝阈值	阈值占钢丝总数比例	设计压力断丝阈值	阈值占钢丝总数比例
0	—	—	77	22.00%
1L+1H	—	—	88	25.14%
1L+2H	—	—	108	30.86%
1L+3H	—	—	128	36.57%
1L+4H	—	—	—	—

表 9-20　D管断丝阈值

CFRP 粘贴层数	工作压力断丝阈值	阈值占钢丝总数比例	设计压力断丝阈值	阈值占钢丝总数比例
0	100	28.57%	55	15.71%
1L+1H	123	35.14%	62	17.71%
1L+2H	—	—	67	19.14%
1L+3H	—	—	72	20.57%
1L+4H	—	—	80	22.86%

表 9-21　F 管断丝阈值

CFRP 粘贴层数	工作压力断丝阈值	阈值占钢丝总数比例	设计压力断丝阈值	阈值占钢丝总数比例
0	—	—	114	33.24％
1L+1H	—	—	—	—
1L+2H	—	—	—	—
1L+3H	—	—	—	—
1L+4H	—	—	—	—

F 管中承载内压均高于工作压力 0.4MPa，只有不粘贴 CFRP 时承载内压才低于设计压力断丝阈值。C 管和 D 管断丝阈值如图 9-23 和图 9-24 所示。

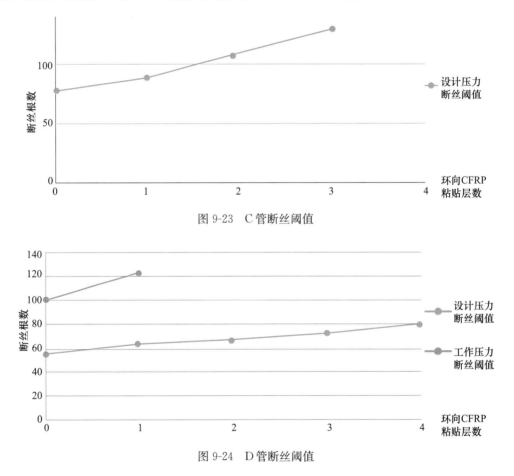

图 9-23　C 管断丝阈值

图 9-24　D 管断丝阈值

实际埋管受土荷载作用，损伤极限状态下，断丝到一定程度时，钢筒将逐渐屈服，最后承载内压比没有覆土荷载时有一定的提高。C 管随着 CFRP 环向粘贴层数的增加，设计压力断丝阈值呈线性增长，每增加一层环向 CFRP，可以提高设计压力断丝阈值 20 根左右，占所有钢丝比例为 5％左右。随着 CFRP 粘贴层数的增加，管道最终承载力高于设计压力。D 管随着 CFRP 环向粘贴层数的增加，设计压力断丝阈值和工作压力均有提高，随着 CFRP 粘贴层数的增加，管道最终承载力高于工作压力；对于设计压力断丝阈值，每增加一层环向 CFRP，可提高 7 根左右，占所有钢丝比例为 2％左右。F 管受土荷载作用，最终承载内压高于工作压力 0.4MPa，粘贴一层环向 CFRP 后，最终承载内压高于设计内压。工作压力断丝阈值和设计压力断丝阈值都随 CFRP 粘贴层数的增加线性增长。工作压力断丝阈值增长率大于设计压力断丝阈值，这是由于断丝越多，CFRP 材料性能发挥越明显。

9.7.3.2 双层缠丝 PCCP 管断丝阈值

EA 管、EB 管和 EC 管的工作压力断丝阈值和设计压力断丝阈值见表 9-22、表 9-23 和表 9-24。

表 9-22　EA 管断丝阈值

CFRP 粘贴层数	工作压力断丝阈值	阈值占钢丝总数比例	设计压力断丝阈值	阈值占钢丝总数比例
0	—	—	87	19.08%
1L+1H	—	—	—	—
1L+2H	—	—	—	—
1L+3H	—	—	—	—
1L+4H	—	—	—	—

表 9-23　EB 管断丝阈值

CFRP 粘贴层数	工作压力断丝阈值	阈值占钢丝总数比例	设计压力断丝阈值	阈值占钢丝总数比例
0	—	—	87	19.08%
1L+1H	—	—	—	—
1L+2H	—	—	—	—
1L+3H	—	—	—	—
1L+4H	—	—	—	—

表 9-24　EC 管断丝阈值

CFRP 粘贴层数	工作压力断丝阈值	阈值占钢丝总数比例	设计压力断丝阈值	阈值占钢丝总数比例
0	113	24.78%	67	14.69%
1L+1H	—	—	73	16.01%
1L+2H	—	—	80	17.54%
1L+3H	—	—	91	19.96%
1L+4H	—	—	101	22.15%

EA 管和 EB 管最终承载内压均高于工作压力 0.8MPa，只有不粘贴 CFRP 时承载内压才低于设计压力断丝阈值，粘贴一层环向 CFRP 最终承载力就高于设计压力。EC 管断丝阈值如图 9-25 所示。

EC 管不粘贴 CFRP 时，最终压力低于工作压力，粘贴一层 CFRP 后，最终压力就高于工作压力；设计压力断丝阈值随着环向 CFRP 粘贴层数增加而线性增长，每增加一层环向 CFRP，设计压力断丝阈值增加 9 根左右，占所有钢丝比例为 2% 左右。对比 EA 管、EB 管和 EC 管，断丝单独分布在内层或者外层时，断丝阈值相近；断丝单独分布在内层或外层比断丝在内外层均匀分布的断丝阈值大，说明断丝内外层同时断丝时对管道更为不利。

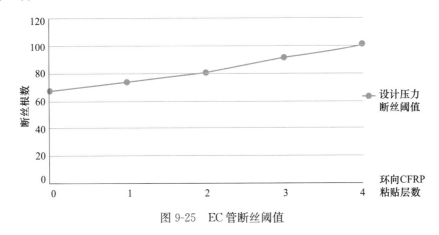

图 9-25　EC 管断丝阈值

9.8　北方某大型引水工程 PCCP 补强加固方案

9.8.1　0.4MPa 内压的 PCCP 断丝管补强加固方案

F 管工作压力为 0.4MPa，设计压力为 0.676MPa，覆土厚度 3m。粘贴 CFRP 为 1L+2H，管道最后压力为 0.75MPa，高于管道的设计压力 0.676MPa，相比于不贴 CFRP 的管，最后压力提高了 19.05%。

建议补强加固方案：粘贴 CFRP 为 1L+2H。既能满足 0.4MPa 的工作压力，又能满足 0.676MPa 的设计压力。

9.8.2　0.6MPa 内压的 PCCP 断丝管补强加固方案

C 管工作压力为 0.6MPa，设计压力为 0.876MPa，覆土厚度 3m。C 管粘贴 CFRP 为 1L+4H，在损伤极限状态下，钢筒屈服，CFRP 发挥效果明显。管道最后压力为 0.88MPa，相比于不贴 CFRP 的管，最后压力提高了 33.33%。

建议补强加固方案：粘贴 CFRP 为 1L+4H。既能满足 0.6MPa 的工作压力，又能满足 0.876MPa 的设计压力。

9.8.3　0.8MPa 内压的 PCCP 断丝管补强加固方案

9.8.3.1　单层缠丝

D 管工作压力为 0.8MPa，设计压力为 1.12MPa，覆土厚度 2.8m。D 管粘贴 CFRP 为 1L+4H，在损伤极限状态下，断丝超过 80 根时，管道不能承受设计压力。随着断丝数量的不断增加，管道最后压力为 0.89MPa，相比于不贴 CFRP 的管，最后压力提高了 27.14%。

建议补强加固方案：粘贴 CFRP 为 1L+4H。满足 0.8MPa 的工作压力，但不能承受 1.12MPa 的设计压力。应加强运行管理，需防止水锤发生。

9.8.3.2 双层缠丝

将双层缠丝管断丝情况分为 3 种：断丝全部集中在内层钢丝、断丝全部集中在外层钢丝以及内层与外层同时断丝，断丝位置和根数相同，相应地，断丝管编号分别为 EA 管、EB 管和 EC 管。对于内层（外层）单独断丝的管，以外层（内层）钢丝屈服作为管道的损伤极限状态；内外侧同时断丝时以靠近断丝区钢丝屈服为管道损伤极限状态。

（1）集中内层或者外层断丝

EA 与 EB 断丝时力学特性基本一致，管工作压力为 0.8MPa，设计压力为 1.12MPa，覆土厚度 3m。粘贴 CFRP 为 1L＋1H，管道最后压力为 1.24MPa，高于管道的设计压力 1.12MPa，相比于不贴 CFRP 的管，最后压力提高了 14.81％。

（2）内层和外层同时集中断丝

EC 管工作压力为 0.8MPa，设计压力为 1.12MPa，覆土厚度 3m。EC 管粘贴 CFRP 为 1L＋4H，断丝 101 根时，管道不能承受设计压力。随着断丝的继续，断丝-内压曲线趋于平缓，钢筒逐渐屈服，管道不能承受任何内压，最后压力为 0.97MPa，高于管道的工作压力 0.80MPa，相比于不贴 CFRP 的管，最后压力提高了 32.88％。

（3）补强加固方案

PCCP 断丝电磁法检测或者监测，无法判断断丝的具体层的位置，建议补强加固方案：粘贴 CFRP 为 1L＋4H 满足 0.8MPa 的工作压力，但不能承受 1.12MPa 的设计压力。应加强运行管理，需防止水锤发生。

9.9 结　论

本章通过对比分析了一种实际覆土管在不粘贴碳纤维与粘贴 1L＋1H 碳纤维情况下加压过程与断丝过程管道各层材料的应变。明确了实际覆土管断丝时各部位破坏顺序依次为管顶、管腰和管底；对于管道不同的材料以及同一种材料的不同部位，CFRP 起到的保护作用不同。断丝时，离 CFRP 越远，CFRP 保护能力越差，CFRP 保护内侧混凝土、钢筒明显，能延缓内侧混凝土的开裂与钢筒的屈服，保护外侧混凝土与砂浆不明显。同一种材料不同部位中，CFRP 延缓管底的开裂与屈服最明显，管腰次之，管顶保护得最少，但依然能保护管顶。对于非断丝区（包括全复合区与过渡区），CFRP 未能发挥作用，未能有效降低应变。通过对管道断丝过程中不同阶段材料性质的分析，明确断丝过程中内压承载体以及 CFRP 发挥的作用。实际工况中，覆土情况不同，管道不同，断丝情况不同都会影响管道的破坏状态，进而影响 CFRP 材料性能的发挥，因此，还需要进行更深入的研究。

10 AWWA C305 环向荷载组合 ECP 算例

10.1 参数条件

10.1.1 管道类型

内衬式管 ECP。

10.1.2 几何参数

管道内径 $D_i = 1.52\text{m}$
管芯混凝土厚度 $h_c = 0.11\text{m}$
钢筒外径 $D_y = 1.60\text{m}$
钢筒厚度 $t_y = 0.00152\text{m}$
钢丝直径 $d_s = 0.00488\text{m}$
预应力钢丝面积 $A_s = 656.1677\text{mm}^2/\text{m}$
CFRP 环向层数：3 层
CFRP 环向厚度 $t_{\text{CFRPH}} = 0.006096\text{m}$
CFRP 纵向层数：1 层
CFRP 纵向厚度 $t_{\text{CFRPL}} = 0.002032\text{m}$
CFRP 端到复合管壁中性轴的距离 $y = 0.059064\text{m}$
覆土高度 $H_s = 1.8288\text{m}$
地下水高度 $H_w = 1.8288\text{m}$

10.1.3 材料参数

混凝土强度标准值 $f_c = 34.48\text{MPa}$
混凝土弹性模量设计值 $E_c = 8373 \ (f_c)^{0.3} = 24218.725\text{MPa}$
CFRP 环向弹性模量 $E_{\text{CFRP}} = 72397.5\text{MPa}$
CFRP 内衬与管芯混凝土复合部分有效弹性模量 $E_{\text{composite}} = 27308.442\text{MPa}$

$$\left(E_{\text{composite}} = \frac{E_f V_f + E_c V_c}{V_f + V_c} = 27308.442\text{MPa}\right.$$

$$V_f = \left[\pi\left(\frac{1.52}{2}\right)^2 - \pi\left(\frac{1.52 - 2 \times 0.008128}{2}\right)^2\right] \times 1 = 0.0386\text{m}^3$$

$$V_c = \left[\pi\left(\frac{1.52 + 2 \times 0.11}{2}\right)^2 - \pi\left(\frac{1.52}{2}\right)^2\right] \times 1 = 0.5633\text{m}^3$$

钢筒强度 $f_y = 227.54\text{MPa}$

钢筒弹性模量 E_s＝206.85GPa

土的弹性模量（约束性）M_s＝20.685MPa

混凝土单位重量标准值 γ_c＝24kN/m³

钢材单位重量标准值 γ_y＝78.5kN/m³

土的单位重量标准值 γ_s＝19.2kN/m³

10.1.4　荷载参数

工作压力 P_w＝0.6895MPa

瞬时压力 P_t＝0.2758MPa

交通荷载（HS20）W_t＝11300.4N/m

10.1.5　系数取值

10.1.5.1　形状系数（AWWA 45，Shape factors，η）（表 10-1）

表 10-1　形状系数

管道区域回填材料和压实				
管道刚度/kPa	形状系数，η（无量纲）			
	砂砾		沙	
	轻度压实	中度至重度	轻度压实	中度至重度
62	5.5	7.0	6.0	8.0
124	4.5	5.5	5.0	6.5
248	3.8	4.5	4.0	5.5
496	3.3	3.8	3.5	4.5

10.1.5.2　变形滞后因子（Plastic Pipe Design Manual，Deflection Lag Factor，DL）

变形滞后因子是由 Spangler 开发的用于爱荷华公式（Iowa Formula）的术语。变形滞后因子考虑柔性管两侧的长期土壤固结以及由此导致的土壤支撑削减。当使用除Prism 荷载之外的任何 Marston 载荷时，变形滞后因子都适用。如果管道上的土壤荷载是使用任何 Marston 荷载计算的，而不是 Prism Load，Spangler 建议应用 1.5 的变形滞后因子。当使用 Prism 荷载计算时，变形滞后因子是 1，因为 Prism 荷载计算施加在管道上的最终长期载荷。

10.1.5.3　垫层常数（Plastic Pipe Design Manual，Bedding Constant，K）

垫层角度和常数见表 10-2，示意图如图 10-1 所示。垫层常数 K 范围相对较小，对于大多数安装，假设等于 0.1。

表 10-2　垫层常数

垫层角度/°	K
0	0.110
30	0.108

垫层角度/°	K
45	0.105
60	0.102
90	0.096
120	0.090
180	0.083

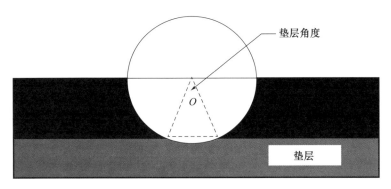

图 10-1

10.1.5.4 **舍入系数**（CFRP Renewal of Prestressed Concrete Cylinder Pipe，Re-rounding Factor，R_c）

$$R_c = \cfrac{1}{1 + \cfrac{P}{3\left(0.061M_s + \cfrac{E_{CFRP} \cdot I_H}{R_f^3}\right)}}$$

式中 P——内压，MPa；

M_s——约束性土弹性模量，MPa；

E_{CERP}——CFRP 的弹性模量，MPa；

I_H——独立承载为 CFRP 内衬的惯性矩，复合系统为 CFRP 与内侧管芯混凝土复合的管壁惯性矩；

R_f——独立承载为 CFRP 内衬的半径，复合系统为 CFRP 与内侧管芯混凝土复合管壁的半径。

10.1.5.5 **综合存在因子**（AWWA 45，Multiple Presence Factor，M_p，取 1.2）

10.1.5.6 **影响因子**（AWWA 45，Impact Factors，I_f）

$I_f = 1 + 0.33 \left[(2.44 - h) / 2.44 \right] \geqslant 1.0$

（$h = 1.8288$ 时，$I_f = 1.0827$）

10.1.5.7 **考虑活荷载分布受填土深度的影响因子**（AWWA 45，LLDF）

回填类型为 SC1 和 SC2 时，取 1.15；其他所有取 1.0。

10.2 计算过程

10.2.1 CFRP 作为独立承载系统

10.2.1.1 内压引起的应变

(1) $P = P_w = 0.6895\text{MPa}$；

$$r_0 = \frac{D}{2} = \frac{1.52}{2} = 0.76\text{m}; \quad E_f = E_{\text{CFRPH}} = 72397.5\text{MPa};$$

$$t_f = t_{\text{CFRPH}} + t_{\text{CFRPL}} = 6.096 + 2.032 = 8.128\text{mm} \approx 0.0081\text{m}$$

$$\varepsilon_a = \frac{Pr_0}{E_f t_f} = \frac{0.6895 \times 0.76}{72397.5 \times 0.0081} = 893.592 \times 10^{-6} = 893.592\mu\varepsilon$$

(2) $P = P_w + P_t = 0.6895 + 0.2758 = 0.9653\text{MPa}$

$$\varepsilon_a = \frac{Pr_0}{E_f t_f} = \frac{0.9653 \times 0.76}{72397.5 \times 0.0081} = \frac{0.7336}{586.4178} = 1251.0288 \times 10^{-6} = 1251.029\mu\varepsilon$$

10.2.1.2 静荷载对 CFRP 内衬产生的弯曲应变（对于 CFRP 单独系统）

(1) 土荷载

$$\varepsilon_b = \eta\left(\frac{\Delta}{D}\right)\left(\frac{t_f}{D}\right) = 102.367\mu\varepsilon$$

$W_e = \gamma_s H = 19.2 \times 1.8288 = 35.113\text{kN/m}^2$；$K_b = 0.1$；$M_s = 20.685\text{MPa}$；$E = E_{\text{CFRPH}} = 72397.5\text{MPa}$；$I = \frac{(t_f)^3}{12} = \frac{(0.0081)^3}{12} = 4.4287 \times 10^{-8}$；$\eta = 5.5$；$t_f = t_{\text{CFRPH}} + t_{\text{CFRPL}} = 6.096 + 2.032 = 8.128\text{mm} \approx 0.0081\text{m}$

$$r = \frac{D - 2t_f}{2} = \frac{1.52 - 2 \times 0.0081}{2} = 0.7519\text{m}$$

$$\frac{\Delta}{D} = \frac{W_e K_b}{0.06M_s + \frac{EI}{r^3}} = \frac{35.113 \times 0.1 \times 10^{-3}}{0.06 \times 20.685 + \frac{72397.5 \times 4.4287 \times 10^{-8}}{0.7519^3}} = \frac{0.0035}{1.2486} = 0.0028$$

$$\varepsilon_{be} = \eta\left(\frac{\Delta}{D}\right)\left(\frac{t_f}{D}\right) = 5.5 \times 0.0028 \times \frac{0.0081}{1.52} = 82.0658 \times 10^{-6} = 82.0658\mu\varepsilon$$

(2) 管自重

$$W_p = 5.397\text{kN/m}$$

$$\frac{\Delta}{D} = \frac{W_p K_b}{0.06M_s + \frac{EI}{r^3}} = \frac{5.397 \times 0.1 \times 10^{-3}}{0.06 \times 20.685 + \frac{72397.5 \times 4.4287 \times 10^{-8}}{0.7519^3}}$$

$$= \frac{0.0005397}{1.2486} = 0.000432$$

$$\varepsilon_{bp} = \eta\left(\frac{\Delta}{D}\right)\left(\frac{t_f}{D}\right) = 5.5 \times 0.000432 \times \frac{0.0081}{1.52} = 12.669 \times 10^{-6} = 12.669\mu\varepsilon$$

$$\varepsilon_b = 82.0658 + 12.669 = 94.735\mu\varepsilon$$

10.2.1.3 内压和弯曲产生的应变

$$\varepsilon = \varepsilon_a + R_c\varepsilon_b$$

（1）$P = P_w = 0.6895\text{MPa}$；

$$E_f = E_{CFRPH} = 72397.5\text{MPa}；\quad R_f = \frac{D - 2t_f}{2} = \frac{1.52 - 2 \times 0.0081}{2} = 0.7519\text{m}；$$

$$M_s = 20.685\text{MPa}$$

$$I_H = \frac{(t_f)^3}{12} = \frac{(0.0081)^3}{12} = 4.4287 \times 10^{-8}$$

$$R_c = \frac{1}{1 + \dfrac{P_w}{3\left(0.061M_s + \dfrac{E_{CFRP} \cdot I_H}{R_f^3}\right)}} = 0.8445$$

$$\varepsilon = \varepsilon_a + R_c\varepsilon_b = 893.592 + 0.8445 \times 94.735 = 973.596\mu\varepsilon$$

$$1.4\varepsilon = 1363.034\mu\varepsilon$$

（2）$P = P_w + P_t = 0.6895 + 0.2758 = 0.9653\text{MPa}$；

$$E_{CFRP} = E_{CFRPH} = 72397.5\text{MPa}；\quad R_f = \frac{D - 2t_f}{2} = 0.7519\text{m}；\quad M_s = 20.685\text{MPa}$$

$$I_H = \frac{(t_f)^3}{12} = \frac{(0.0081)^3}{12} = 4.4287 \times 10^{-8}$$

$$R_c = \frac{1}{1 + \dfrac{P_w + P_t}{3\left(0.061M_s + \dfrac{E_{CFRP} \cdot I_H}{R_f^3}\right)}} = 0.7951$$

$$\varepsilon = \varepsilon_a + R_c\varepsilon_b = 1251.029 + 0.7951 \times 94.735 = 1326.353\mu\varepsilon$$

$$1.4\varepsilon = 1856.894\mu\varepsilon$$

10.2.2　CFRP和内侧管芯作为复合承载系统

10.2.2.1　内压引起的应变（内压由 CFRP 内衬承担）

（1）$P = P_w = 0.6895\text{MPa}$；

$$r_0 = \frac{D}{2} = \frac{1.52}{2} = 0.76\text{m}；\quad E_f = E_{CFRPH} = 72397.5\text{MPa}；$$

$$t_f = t_{CFRPH} + t_{CFRPL} = 6.096 + 2.032 = 8.128\text{mm} \approx 0.0081\text{m}$$

$$\varepsilon_a = \frac{Pr_0}{E_f t_f} = \frac{0.6895 \times 0.76}{72397.5 \times 0.0081} = 893.592 \times 10^{-6} = 893.592\mu\varepsilon$$

（2）$P = P_w + P_t = 0.6895 + 0.2758 = 0.9653\text{MPa}$

$$\varepsilon_a = \frac{Pr_0}{E_f t_f} = \frac{0.9653 \times 0.76}{72397.5 \times 0.0081} = \frac{0.7336}{586.4178} = 1251.0288 \times 10^{-6} = 1251.029\mu\varepsilon$$

10.2.2.2　静荷载对 CFRP 内衬产生的弯曲应变（对于 CFRP 与内侧管芯复合承载系统）

（1）土荷载

$$\varepsilon_b = \eta\left(\frac{\Delta}{D}\right)\left(\frac{2y}{D}\right) = 154.461\mu\varepsilon$$

$$W_e = \gamma_s H = 19.2 \times 1.8288 = 35.113\text{kN/m}^2；\quad K_b = 0.1；\quad M_s = 20.685\text{MPa}；\quad E_{composite} =$$

$$\frac{E_f V_f + E_c V_c}{V_f + V_c} = 27308.442\text{MPa}; \quad I = \frac{(t_t)^3}{12} = \frac{(0.1181)^3}{12} = 1.3727 \times 10^{-4}; \quad \eta = 5.5; \quad y = \frac{0.1181}{2} = 0.05905\text{m}; \quad r = \frac{D - 2t_f}{2} = \frac{1.52 - 2 \times 0.0081}{2} = 0.7519\text{m}_\circ$$

$$\frac{\Delta}{D} = \frac{W_e K_b}{0.06 M_s + \frac{EI}{r^3}} = \frac{35.113 \times 0.1 \times 10^{-3}}{0.06 \times 20.685 + \frac{27308.442 \times 1.3727 \times 10^{-4}}{0.7519^3}}$$

$$= \frac{0.0035}{10.0596} = 0.0003479$$

$$\varepsilon_{be} = \eta\left(\frac{\Delta}{D}\right)\left(\frac{2y}{D}\right) = 5.5 \times 0.0003479 \times \frac{0.1181}{1.52} = 148.670 \times 10^{-6} = 148.670\mu\varepsilon$$

（2）管自重

$$W_p = 5.397\text{kN/m}$$

$$\frac{\Delta}{D} = \frac{W_p K_b}{0.06 M_s + \frac{EI}{r^3}} = \frac{5.397 \times 0.1 \times 10^{-3}}{0.06 \times 20.685 + \frac{27308.442 \times 1.3727 \times 10^{-4}}{0.7519^3}}$$

$$= \frac{0.0005397}{10.0596} = 0.00005365$$

$$\varepsilon_{bp} = \eta\left(\frac{\Delta}{D}\right)\left(\frac{2y}{D}\right) = 5.5 \times 0.00005365 \times \frac{0.1181}{1.52} = 22.927 \times 10^{-6} = 22.927\mu\varepsilon$$

$$\varepsilon_b = 148.670 + 22.927 = 171.597\mu\varepsilon$$

10.2.2.3　内压和弯曲产生的应变

$$\varepsilon = \varepsilon_a + R_c \varepsilon_b$$

（1）$P = P_w = 0.6895\text{MPa}$；

$E_{CFRPH} = 72397.5\text{MPa}$；$R_f = \frac{D - 2t_f}{2} = 0.7519\text{m}$；$M_s = 20.685\text{MPa}$

$$I_H = \frac{(t_t)^3}{12} = \frac{(0.1181)^3}{12} = 1.3727 \times 10^{-4}$$

$$R_c = \frac{1}{1 + \frac{P_w}{3\left(0.061 M_s + \frac{E_{CFRP} \cdot I_H}{R_f^3}\right)}} = 0.9908$$

考虑管自重：$\varepsilon = \varepsilon_a + R_c \varepsilon_b = 893.592 + 0.9908 \times 171.597 = 1063.610\mu\varepsilon$

$$1.4\varepsilon = 1489.054\mu\varepsilon$$

不考虑管自重：$\varepsilon = \varepsilon_a + R_c \varepsilon_b = 893.592 + 0.9908 \times 148.670 = 1040.894\mu\varepsilon$

$$1.4\varepsilon = 1457.252\mu\varepsilon$$

（2）$P = P_w + P_t = 0.6895 + 0.2758 = 0.9653\text{MPa}$；

$E_{CFRP} = E_{CFRPH} = 72397.5\text{MPa}$；$R_f = \frac{D - 2t_f}{2} = 0.7519\text{m}$；$M_s = 20.685\text{MPa}$

$$I_H = \frac{(t_t)^3}{12} = \frac{(0.1181)^3}{12} = 1.3727 \times 10^{-4}$$

$$R_c = \cfrac{1}{1 + \cfrac{P_w + P_t}{3\left(0.061 M_s + \cfrac{E_{CFRP} \cdot I_H}{R_f^3}\right)}} = 0.9871$$

考虑管自重：$\varepsilon = \varepsilon_a + R_c \varepsilon_b = 1251.029 + 0.9871 \times 171.597 = 1420.412 \mu\varepsilon$

$$1.4\varepsilon = 1988.577 \mu\varepsilon$$

不考虑管自重：$\varepsilon = \varepsilon_a + R_c \varepsilon_b = 1251.029 + 0.9871 \times 148.670 = 1397.7812 \mu\varepsilon$

$$1.4\varepsilon = 1956.8936 \mu\varepsilon$$

10.2.3　ECP 案例分析总结

（$H=1.83$m，$P_w=0.69$MPa，$P_t=0.28$MPa，$M_s=20.68$MPa）

项目	荷载	管底 FEA（环向最大值）	AWWA草拟标准	CFRP 内衬单独承载		CFRP 内衬与管芯复合承载	
				ε	1.4ε	ε	1.4ε
管底 CFRP 的应变/$\mu\varepsilon$	土荷载和管重	27	331	94.735	132.629	171.597	240.236
	土荷载、管重和工作压力	910（1252）	1278	973.596	1363.034	1063.610	1489.054
	土荷载、管重与工作和瞬时压力	1350（1614）	1660	1326.353	1856.894	1420.412	1988.577

附件 1：参数

参数	范围		案例序号
	最小值	最大值	4
管类型	LCP	ECP	ECP
管直径，D_i/m	0.41	3.66	1.52
管芯混凝土厚度，h_c/m	0.03	0.23	0.11
混凝土强度，f_c/MPa	34.48	55.16	34.48
钢筒外径，D_y/m	0.46	3.81	1.60
钢筒厚度，t_y/mm	1.52	1.90	1.52
钢筒弹性模量，E_s/MPa	206.85	206.85	206.85
钢筒强度，f_y/GPa	227.54	227.54	227.54
钢丝直径/mm	—	—	4.88
预应力面积，A_s/（mm²/m）	UDP	UDP	656.1677
钢丝预应力，f_{sr}/MPa	UDP	UDP	−1062.3885
管芯混凝土预应力，f_{cr}/MPa	UDP	UDP	4.4542
钢筒预应力，f_{yr}/MPa	UDP	UDP	129.1571
CFRP 环向层数	—	—	3
CFRP 环向层厚度，t_{CFRPH}/mm	CFRP	CFRP	6.096
纵向 CFRP 层数	—	—	1

参数	范围		案例序号
	最小值	最大值	4
纵向 CFRP 厚度，t_{CFRPL}/mm	—	—	2.032
环向 CFRP 弹性模量，E_{CFRP}/MPa	68.95	103425	72397.5
环向 CFRP 强度，f_{CFRP}/MPa	620.55	1034.25	613.655
覆土高度，H_s/m	0.9144	12.192	1.8288
土弹性模量（约束性），M_s/MPa	10.3425	55.16	20.685
土密度，g_s/kg/m³	1600	1920	1920
地下水高度，H_w/m	0.9144	12.192	1.8288
最小环向黏结强度，f_{bond}/MPa	0.3448	2.0685	1.3790
工作压力，P_w/MPa	0.2069	2.065	0.6895
瞬时压力，P_t/MPa	0.0827	0.8274	0.2758
交通荷载（HS20），W_t/（N/m）	—	—	11300.4

11 长期浸水条件下 CFRP 表层 YEC 防护材料

为了确保长期浸水条件下 CFRP 的耐久性，在 CFRP 表层刮涂 YEC 防护材料。YEC 环氧防护涂层材料是一种改性环氧涂料，该涂料采用了新型的环氧配合体系，通过分子结构设计，提高材料的裂纹阻断能力，并减少材料内应力，具有黏结效果好、高强高韧、抗开裂能力强，并具有长期耐水性能优异等特点。

YEC 环氧防护涂层材料适合于 CFRP 表面的封闭处理及薄层防护，具有优异的抗渗、抗冲磨、抗气蚀等防护效果，并具有较好的抗背水渗透能力；施工性能优异，立面一次刮涂厚度 1.5mm 左右。其基本性能指标见表 11-1。

表 11-1 YEC 环氧防护涂层材料技术指标

序号	项目		性能指标	备注
1	抗拉强度/MPa		≥15	GB/T 2567
2	断裂伸长率/%		≥5	
3	砂浆黏结强度/MPa	干面	>4.0	GB/T 16777
		湿面	>2.0	GB/T 16777
4	热相容性	冻融循环	通过	EN 13687-3
		干热循环	通过	EN 13687-4

11.1 冻融循环试验

为了评价 YEC 环氧防护材料对混凝土抗冻融防护作用，依据《水工混凝土试验规程》（SL/T 352—2020）抗冻性试验要求，采用混凝土快速冻融试验机进行冻融试验，通过测试冻融循环前后 YEC 高韧性环氧防护涂料与混凝土的拉拔黏结强度，检验该材料的抗冻性以及对混凝土的防护作用。试验条件如下。

（1）试块准备：100mm×100mm×400mm 混凝土试块（C30F300），表面打磨清理后涂刷 YEC 环氧防护涂料，常温养护 14d。一块作为冻融试件，另一块作为空白试件进行对比。

（2）冻融条件：冻融液温度-25～20℃；循环一次 3h，降温 1.5h。

经 300 个冻融循环，涂层无裂纹、起包、分层、剥落等外观缺陷。表 11-2 为冻融前后拉拔黏结强度结果。由数据可见，混凝土表层仍保持较高的强度，说明 YEC 环氧防护材料对混凝土有较好的抗冻防护作用（图 11-1、图 11-2）。

表 11-2　冻融前后拉拔黏结强度结果

试件	拉拔强度/MPa	平均值/MPa	破坏型式
冻融前	3.87，3.46，3.76	3.70	混凝土破坏
冻融后	3.05，3.10，3.26	3.14	混凝土破坏

图 11-1　冻融前拉拔黏结强度测试

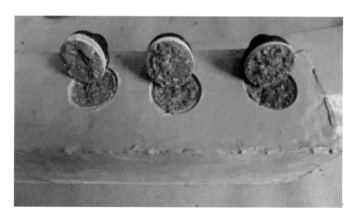

图 11-2　冻融循环 300 次后拉拔黏结强度测试

11.2　高低温干热循环试验

为了评价材料在使用过程中适应环境温度变化的能力，进行了高低温干热循环试验，试验条件如下。

（1）试件准备：300mm×300mm×100mm 混凝土试件，试件表面拉拔强度大于 3MPa，基面打磨后刮涂 2mm 厚 YEC 涂层，养护 14d；

（2）高低温试验箱：设定温度程序：①21℃降温至−40℃，降温速率为 3℃/min（20min），②−40℃保持 153min，③升温至 55℃，升温速率为 3℃/min（32min），④55℃保持 153min，⑤降温至 21℃，降温速率为 3℃/min（12min）；一个循环约 6h10min（图 11-3、图 11-4）。

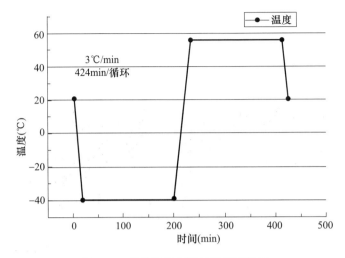

图 11-3　高低温相容性试验温度循环

图 11-4　30 个循环后 YEC 环氧防护材料外观

经过 30 个循环，YEC 环氧防护材料无任何开裂脱空等破坏现象，说明该材料具有较好的耐低温性能，且与混凝土具有很好的热相容性，防护性能优良（表 11-3）。

表 11-3　YEC 环氧防护涂层环境适应性系列试验检测结果

试件	拉拔强度/MPa	平均值/MPa	破坏型式
未经循环试件	2.96，3.26，2.60	2.94	混凝土破坏
循环 30 次后试件	3.13，2.36，2.43	2.64	混凝土破坏

11.3　潮湿适应性试验

混凝土潮湿是水利工程修补防护中比较普遍的施工条件，评价涂层材料的潮湿基面适应性应该是水工防护材料的一个重要方面。为此，参考了 EN 13578 "Compatibility on wet concrete" 中的试验方法对 YEC 材料进行潮湿适应性的评价。其基本过程如下：

（1）试验温度的确定：选择试验温度为 5℃，这是 YEC 材料推荐的最低使用温度

（minimum permitted application temperature，MAT）；

（2）试件准备：两块 300mm×300mm×100mm 混凝土试件，试件表面拉拔强度大于 3MPa，将涂覆基面预先进行打磨处理；其中一块混凝土试样为测试试样，在 5℃水中预先放置 7d，另一块在 5℃、(75±10)% 条件存放，作为参照试样；涂覆前，YEC 环氧防护涂层材料在 5℃、(75±10)% 条件下调整 48h；

（3）测试时，将试件从水溶液中取出，涂覆面用吸水纸巾吸干水分，然后在 5℃、(75±10)% 相对湿度条件下水平放置 2.5h；

（4）将 YEC 防护材料涂覆在测试混凝土试样和参照混凝土试样的待涂覆面上，然后将测试试样放置在水浴支架上，保持混凝土基面在水面 10mm（图 11-5）；参照试样存放在 5℃、(75±10)% 相对湿度条件下。两个试件的存放期为 56d，然后进行外观检测和黏结拉拔测试。

图 11-5　潮湿基面适应性试验

试件存放期间外观光滑平整，没有出现任何外观变化和缺陷，表 11-4 为黏结拉拔试验结果。

表 11-4　潮湿基面适应性试验黏结拉拔试验结果

试样	拉拔结果/MPa	破坏形式
测试试样	1.48；1.51；1.82；2.80；3.49	全为混凝土本体破坏
参照试样	2.00；2.10；2.87；2.94；3.42	全为混凝土本体破坏

从测试结果可以看出，潮湿基面测试试样的拉拔结果最高值与参照试样无明显区别，破坏形式全部是混凝土本体破坏，测试试件数据整体上稍稍偏低的原因可能是混凝土试块测试部位的强度均匀性造成的。本试验的测试结果表明，YEC 环氧防护涂层材料具有非常出色的潮湿基面应用的适应性。

11.4　YEC 环氧防护涂料抗冲磨性能测试

高速含砂水流抗冲磨试验是通过测定混凝土或其他材料在表面受水下高速流动介质

磨损的相对抗力，来研究、比较和评定混凝土或其他抗冲磨材料抵抗高速含砂水流冲磨作用的性能。水工混凝土的冲磨试验较多，但由于试验原理和条件互不相同，同一批试验采用不同的试验方法，试验结果可能不同。为了客观地评价材料的抗冲磨性能，水电工程普遍采用《水工混凝土试验规程》（SL/T 325—2020）中推荐的圆环法和水下钢球法。

圆环法抗冲磨试验是通过模拟高速含砂水流对圆环试件的内环面进行冲磨，其表面冲磨破损状态与多数实际工程混凝土的磨损状态相似，可以很好地比较和评价混凝土或其他材料的抗冲磨能力。

表 11-5 为冲磨试验结果。在同等试验条件下，与抗压强度为 69.9MPa 的 C50 混凝土为例进行比较，YEC 环氧防护涂料抗冲磨强度是混凝土材料的 16 倍，磨损体积约为高强度等级混凝土材料的 1/9。

表 11-5 YEC 环氧防护涂料抗冲磨试验结果

材料名称	抗压强度/MPa	平均累积冲磨量/g	平均累积冲磨体积/cm³	抗冲磨强度/h/（kg/m²）
C50 混凝土	69.9（180d）	549.0	224.1（密度 2.45g/cm³）	0.17
YEC 环氧防护涂料	—	35.5	26.3（密度 1.35g/cm³）	2.65

11.5 YEC 环氧防护涂料耐老化性能测试

氙灯人工气候老化试验是以氙灯为光源的模拟和强化光、热、空气、温度、湿度和降雨等主要因素的一种人工气候老化试验方法。其用来加速材料的老化，测试材料的光稳定性和抗老化性。

氙弧灯达到试样表面的光谱非常接近太阳的光谱。试验中氙灯波长范围 300～890nm，辐射强度（1000±200）W/m²，黑板温度：55±3℃；相对湿度 60％～70％，降雨周期 18min、间隔干燥 102min（图 11-6）。

图 11-6 氙灯人工气候老化试验箱

为方便试验试件的制备、减少缺陷，氙灯老化试验用试件较 SK-EC 高韧性环氧防护涂料配方减少了部分惰性填料，其他化学组分未变。该老化试验用试件的氙灯老化结果可以说明 SK-EC 高韧性环氧防护涂料的耐老化程度。

表 11-6 为 YEC 环氧防护涂料老化试验试件在氙灯人工加速老化试验 500h 后的试验结果。

表 11-6　氙灯加速老化 500h 后试验结果

氙灯老化时间	检测项目	检测结果	性能保持率
0h	拉伸强度/MPa	15.9	—
	断裂伸长率/%	7.1	—
500h	拉伸强度/MPa	16.4	103%
	断裂伸长率/%	6.8	96%

试验结果表明，经过 500h 的氙灯老化试验，YEC 环氧涂层材料拉伸强度增加，可能是在光照及高温的作用下，环氧材料部分发生后固化现象，使材料强度略有增加。

12 CFRP 施工工艺及质量控制标准

12.1 施工条件

（1）在管体内部使用碳纤维增强塑料适用于直径为 1.2m 及以上的管道，这是因为 CFRP 材料的应用需要人员进入管道进行操作。

（2）需修复的 PCCP 管道一般都运行多年，管道内湿度大（一般 60%～90%）、温度低（3～12℃），而施工对环境的要求温度水平在 10～30℃、湿度水平在 40%～50%，为了达到 CFRP 的施工环境要求，需使用鼓风机、干燥剂和加热器来改善施工环境，确保施工质量。

（3）规范《碳纤维增强复合材料加固混凝土结构技术规程》（T/CECS 146—2022）提供了关于加固混凝土的外部黏结 FRP 系统设计和施工的通用程序，但这一规范是通用规范，没有考虑到修复 PCCP 的特殊施工环境。施工队伍要求：必须由专业的设计人员设计 CFRP，并且由经验的专业施工队伍施工。

（4）根据施工环境和施工队伍的情况，在 PCCP 管道内选择不需要修复的 PCCP 钢筒内侧管芯混凝土表面 1000mm×1000mm 的范围，进行工艺性试验，对拟订的设计方案、施工程序以及原材料进行适应性检查，如有不合理或者不能达到设计指标，及时进行调整，直至满足要求。

（5）对于 PCCP 的 CFRP 修复，工程师应该在 CFRP 内衬内部黏结 PCCP 方面的设计很有经验，将它作为一个单独的系统和作为一个与 PCCP 主管的内部管芯混合的系统，可作为在过去五年成功完成的最小数量的证明。工程师应该还对 CFRP 内衬安装期间和之后的质量检查很有经验，能够确认和指导必要的纠正措施。

12.2 施工程序

每个施工程序中每一道工序的质量，由施工技术人员负责控制，监理人员监督，每一道工序完成后提请监理人员检查、认可后，才能进行下道工序。

12.2.1 施工准备

（1）根据设计施工图，拟订施工技术方案和施工计划。对所使用的表层防护涂层材料、碳纤维片材、配套胶粘剂、机具等做好施工前的准备工作。

（2）所有进场材料，如碳纤维片材、配套胶粘剂以及防护涂层等原料，必须符合质量标准，并具有出厂产品合格证，符合工程加固补强设计要求。碳纤维片运输、储存中严禁折叠，原料应阴凉密封储存，远离火源，避免阳光直接照射。所有材料都要在厂商推荐的环境条件下储存。在碳纤维片运输、储存、裁切和粘贴过程中，材料不得直接日晒和雨淋，胶结材料应阴凉密闭储存。

（3）准备施工人员的劳动保护装置和用具。受限制的工作环境需要制定安全措施，要求有个人保护装置，包括防护衣、胶靴、手套、安全帽、防护眼镜、全身型安全绳、个人照明灯和逃生空气包，口罩、灰尘面罩和其他补充的安全装备也可能用到，这取决于工作的需要。另外需要监测 PCCP 管道内部的氧气、一氧化碳、爆炸下限和硫化氢的等级。同时需要有通风设备，通风量取决于工作区域的尺寸。

（4）根据施工部位在相应位置搭设操作平台（根据施工空间而定）。如果 PCCP 管道内部有积水，需在施工管节两边设置 2 道围堰，清理管道内积水、淤泥。

施工准备的主要工序如图 12-1 所示。

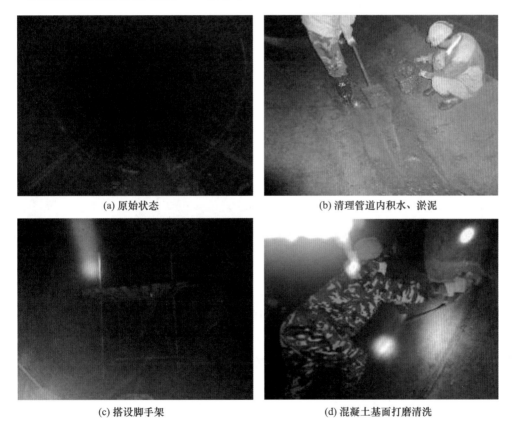

(a) 原始状态　　　　　　　　　　(b) 清理管道内积水、淤泥

(c) 搭设脚手架　　　　　　　　　(d) 混凝土基面打磨清洗

图 12-1　施工准备的主要工序

12.2.2　混凝土管芯内表面处理

（1）清除粘贴碳纤维 PCCP 管节内壁的淤泥及附着物，用高压清洗机冲洗混凝土表面，用角磨机对混凝土表面进行打磨，除去表层浮浆、油污等杂质，并对表面状态进行表观检查。

（2）混凝土管芯内表面处理应坚实、平整，不得有麻面、起砂、剥落、疏松、腐蚀等缺陷，否则应进行处理，并用修补材料将表面修补平整。如 PCCP 断丝管管壁有裂缝，应进行低压化学灌浆或封闭处理，并用修补材料将表面修补平整（如果基面平整坚固，不进行此工序，直接进入粘贴碳纤维布施工工序）。

（3）粘贴碳纤维之前，采用热风机烘烤混凝土表面，使基面保持干燥。

混凝土管芯内表面处理的主要工序如图 12-2 所示。

(a) 混凝土基面打磨 (b) 基面清洗

(c) 基面处理效果 (d) 基面烘干

图 12-2　混凝土管芯内表面处理的主要工序

12.3　涂刷底胶

CFRP 与钢筒内侧管芯混凝土表面的黏结强度是确保修复效果的关键因素之一，混凝土基面的处理很重要，为了使浸渍胶充分附着在混凝土表面，进而保证碳纤维粘贴效果，应在混凝土基面涂刷环氧底胶，底胶指干后，刮涂环氧涂层，补平混凝土基底、填补孔隙。当混凝土表面光滑平整无孔隙时，也可直接滚涂浸渍胶，粘贴碳纤维布。底胶应涂刷均匀、不得漏涂，严禁在不适合气温条件下施工，添加溶剂稀释后的底胶应在规定时间内用完。

12.4　粘贴碳纤维

（1）铺设之前，在办公区走廊或者库房内平整干净的区域，按规定尺寸用钢直尺与壁纸刀，将碳纤维布裁剪出需要的长度。为了防止碳纤维受损，裁切过程中严禁折叠。

（2）CFRP 里衬施工时，粘贴每一层的间隔时间（包括环氧底漆、黏结层、增厚环氧树脂和所有纤维层）不应超过厂家建议或者设计文件规定的时间。需粘贴多层碳纤维时，可连续粘贴。如不能连续粘贴，则在开始前应对底层碳纤维片材重新做好清洁工作。

（3）配制碳纤维布浸渍胶时，应按产品使用说明书中规定的配比称量并置于容器中，采用低速搅拌机充分搅拌；拌好的胶液色泽应均匀、无气泡，用搅拌器搅拌至色泽均匀。搅拌用容器内及搅拌器上不得有油污和杂质，胶液注入盛胶容器后，防止水、油、灰尘等杂质混入。

应根据现场实际环境温度确定胶粘剂的每次拌和量，并按要求严格控制使用时间。要求调配的浸渍树脂数量越小越好，随用随调，以确保所有混合的树脂都在树脂的贮存期内使用，也可现场调配。对于 PCCP 的 CFRP 修复，所有材料应提前配比且用密封的容器带到现场，对于所有的应用，需要分批完全混合，因为现场配比会增加错误的发生率。

（4）CFRP 的施工宜在环境温度为 5℃以上的条件下进行，并应符合配套胶粘剂要求的施工使用温度。当环境温度低于 5℃时，应采用低温固化型的配套胶粘剂或采取升温措施。施工时还应考虑环境湿度对胶粘剂固化的不利影响。为了保证粘贴的质量，不同季节、不同温度条件下，应使用不同型号的粘贴树脂，这样才能对树脂施工的可操作时间和固化时间进行有效控制。

（5）将配制好的浸渍树脂均匀涂抹于所要粘贴的部位，粘贴过程中严禁折叠。用橡胶滚筒沿纤维方向多次滚压，挤除气泡，使浸渍树脂充分浸透碳纤维布，滚压时不得损伤碳纤维布。多层粘贴重复上述步骤，待纤维表面接触干燥时即可进行下一层的粘贴。如超过 60min，则应等 12h 后，再行涂刷黏结剂粘贴下一层。贴片时，在碳纤维片和树脂之间尽量不要有空气，可用罗拉沿着纤维方向在碳纤维片上对此滚压，使树脂渗入碳纤维中。

（6）对于纤维的浸渍，按照设计要求在混凝土表面涂刷浸渍树脂，要将干燥的纤维压入饱和树脂中，也可使用浸渍机将碳纤维布浸渍后再粘贴在混凝土表面。对于 PCCP 的 CFRP 修复施工，美国要求所有纤维用浸渍机来进行浸渍，手工浸渍是不允许的，因为它可能导致浸渍不充分而引起 CFRP 失效。根据中国水利水电科学研究院近几年对 PCCP 的 CFRP 修复经验，如果是有经验的专业施工队伍施工，采用手工浸渍的质量是有保证的。

（7）当采用多条或多层碳纤维布加固时，碳纤维布沿纤维受力方向的搭接长度不应小于 300mm；对非受力方向（横纹方向）每边的搭接长度可取为 100mm。各条或各层碳纤维布的搭接位置应相互错开，在纤维表面的结构胶粘剂指触干燥时立即进行下一层粘贴。重复上述工序，并应在最后一层碳纤维布的表面均匀刮 YEC 涂环氧防护涂层，对 CFRP 进行保护。

粘贴碳纤维的主要工序如图 12-3 所示。

(a) 现场定位画线   (b) 碳纤维浸渍胶的配制

(c) 混凝土基面涂刷底胶   (d) 粘贴纵向碳纤维布

(e) 涂刷层间浸渍胶   (f) 粘贴环向碳纤维布

图 12-3　粘贴碳纤维的主要工序

12.5　养　　护

（1）应根据碳纤维厂家的建议或者设计文件中规定的养护时间对 CFRP 进行养护，在有条件的情况下，尽可能采取升温措施，提高管道内的环境温度，这不仅会减少固化时间，还会提高环氧树脂的玻璃化温度。如果管道内的相对湿度高于厂家或者设计规定值，应使用除湿机控制湿度。

（2）在 CFRP 接触水之前，至少能达到 85% 的固化程度，在此期间应防止贴片受到硬性冲击和碾压。

（3）以邵氏硬度来反映 CFRP 的固化程度，《建筑结构加固工程施工质量验收规范》（GB 50550—2010）采用邵氏硬度计检测 CFRP 的硬度，以判定粘贴质量是否合格。CFRP 的固化程度测试依据《塑料和硬橡胶 使用硬度计测定压痕硬度（邵氏硬度）》（GB/T 2411—2008），采用 D 型邵氏硬度计检测浸渍胶层硬度，据以判断其固化程度。

12.6　注意事项

（1）PCCP 管道内湿度大且温度低，这样的条件也可能会对固化产生不利影响，降低玻璃化温度。一般的碳纤维浸渍树脂达到"完全固化"可能需要几周的时间，这取决于养护环境，但 PCCP 的 CFRP 内衬连续层之间这样长的一个持续固化时间是不允许的。在整个安装过程中，管道中的环境条件应该控制，必要的话采取工程措施，使管道里面的环境温度在 5～32℃，相对湿度小于 90%，空气中无尘。

（2）碳纤维内衬是由纵向层和环向层组成的复合层系统，当修复后的 PCCP 不断恶化时（断丝持续发生、管芯混凝土产生新的裂缝以及钢筒进一步腐蚀），CFRP 依附的管芯混凝土开裂，管道内的水将通过裂缝渗透到 CFRP 的背面，造成 CFRP 内外水压平衡而失效，因此修复管与相邻管节的承插口部位的密水性关系到修复效果的有效性，需谨慎处理好承插口部位的止水结构和施工质量，确保该部位不漏水。

12.7　CFRP 保护涂层 YEC 的施工

（1）CFRP 达到养护期后，涂刷 1.5～2.0mm 的环氧涂层对 CFRP 进行防护，刮涂应均匀且无流挂现象。

（2）如果管线内部温度低、湿度大，在 CFRP 表面会产生凝露，应先将凝露擦拭干净，及时在 CFRP 表面涂刷潮湿面界面剂，避免漏涂现象。

（3）涂刷环氧涂层要在界面剂初始固化时（粘手而不拉丝）实施，如果时间过长，需要增加活化剂。

（4）应采用刮涂、涂刷或滚涂的方法施工，管腰或管顶宜采用多遍刮涂，一次刮涂厚度不宜大于 1mm，后序刮涂应在前一道涂层表干后进行，直至厚度达到设计要求。

（5）环氧涂层施工应单向均匀刮涂或者涂刷，不得有流淌、堆积现象，应做到厚度均匀、表面平整。两次涂刷作业面之间的搭接宽度应不小于 50mm。当涂刷环氧涂层上一层停歇时间大于一天以上或有水时，需要底层环氧涂层表面擦一遍活化剂。

（6）环氧涂层应在温度 5℃以上的环境中至少养护 72h。养护期间避免碰撞、挤压、泡水等，防止对涂层造成破坏。达到养护期后环氧涂层方可触水。

（7）环氧涂层应与 CFRP 粘着状态良好，不允许有起鼓现象。黏结强度应做拉拔试验检查，环氧涂层与 CFRP 黏结强度≥2.5MPa。

涂刷环氧涂层的施工如图 12-4 所示，修复完成后的效果如图 12-5 所示。

图 12-4　涂刷环氧涂层的施工　　　　　图 12-5　修复完成后的效果

12.8　结　　论

碳纤维内衬是由纵向层和环向层组成的复合层系统，施工程序相对复杂，施工时应考虑环境影响，做好施工准备工作，每个施工环节按照施工检查内容严格控制，检查合格后方可进入下一道程序，CFRP 施工完成后按照质量检验标准进行验收，达到养护期后方可触水。按照本文的 CFRP 修复 PCCP 的施工技术要求，做好施工环节中的每一个细节，使得 CFRP 有必要的强度、耐久性和可靠性，实现 CFRP 与 PCCP 断丝管联合作用，承受管线中的荷载。

13 PCCP 断丝管 CFRP 补强加固
质量检验和验收标准

13.1 工程质量检验

（1）监理旁站每道施工工序过程，如有不符合技术要求时，应进行返工处理。

（2）碳纤维布实际粘贴面积不得少于设计面积，位置偏差不得大于 10mm。

（3）检验碳纤维片材与混凝土黏结是否脱空，可用小锤轻轻敲击的方法检查，总有效黏结面积不应低于 95%。

当空鼓面积小于 100cm² 时，应用针管注胶方法进行修补；当空鼓面积大于 100cm² 时，宜将空鼓部位的碳纤维布切除，重新粘贴等量碳纤维片，搭接长度不小于 100mm。

13.2 碳纤维布黏结强度检测

必要时，可按如下方法对黏结强度进行检测：

现场检测应在已完成碳纤维片加固的结构表面上进行。粘贴碳纤维表面积 500m² 以下取 1 组试样（3 个）、500～1000m² 取 2 组试样、1000m² 以上每 1000m² 取 2 组。试样由检测人员随机抽取，试样间距不得小于 500mm。

黏结强度检测方法如下：

（1）切割预切缝，从加固表面向混凝土基体内部切割预切缝，切入深度 2～3mm，宽度 1～2mm。切缝断面形状为直径 40mm 的圆。

（2）粘贴钢标准块，采用取样黏结剂粘贴直径 40mm 的圆柱体钢标准块，钢标准块粘贴后应及时固定。

（3）按照黏结强度测试仪生产厂提供的使用说明书，连接钢标准块并进行测试。黏结强度按下式计算：

$$R = P/A \tag{13-1}$$

式中 R——黏结强度，MPa；

P——试样破坏时的荷载值，N；

A——钢标准块黏结面积，mm²。

（4）现场完成粘贴碳纤维后，应在碳纤维复合材料的表面进行脱空检验，每 100m² 为一个抽检单元，小于 100m² 按 100m² 计。每 100m² 抽检 3 处，每处 3m²。抽检位置由检验员随机抽取，抽检位置间距应大于 1m。

13.3　验收标准

验收标准按表 13-1 执行。

表 13-1　质量等级评定标准

等级	脱空面积 每 3m²	气泡 10mm×10mm	黏结强度/MPa
优良	无	无	平均强度大于设计强度值。测点强度值有 90％以上大于设计强度值
合格	小于 5％	少于 3 个	平均强度不小于设计强度值。测点强度值有 80％以上大于设计强度值
不合格	大于 5％	大于 3 个	平均强度小于设计强度值。测点强度值有 20％以上小于设计强度值

工程总体评价：所有检测点测值全部合格，且 80％以上为优良者评为优良；所有检测点测值 90％合格，且 50％以上为优良者评为合格；否则为不合格。

图 13-1　北方某大型引水工程 PCCP 断丝管 CFRP 补强加固施工

参考文献

［1］ANSI/AWWA C301-14. Standard for prestressed concrete pressure pipe steel-cylinder type［S］. American Water Works Association：Denver, CO, USA, 2015.

［2］ANSI/AWWA C304-14. Standard for design of prestressed concrete cylinder pipe［S］. American Water Works Association：Denver, CO, USA, 2015.

［3］张志伟. 碳纤维布加固压力管道强度研究［D］. 绵阳：西南科技大学, 2014.

［4］YAMAGUCHI T, KATO Y, NISHIMURA T, et al. Creep rupture of FRP rods made of aramid, carbon and glass fibers［J］. Third international symposium on non-metallic (FRP) reinforcement for concrete structures (FRPRCS-3), Japan, 1997, Vol. 2：179-186.

［5］中华人民共和国住房和城乡建设部. 混凝土结构加固设计规范：GB 50367—2013［S］. 北京：中国建筑工业出版社, 2013.

［6］MEIER U, DEURING M., MEIER H., et al. CFRP bonded sheets［J］. Fiber-Reinforced-Plastic (FRP) Reinforcement for Concrete Structures：Properties and Applications Elsevier Science, 1993：423-434.

［7］陆新征. FRP-混凝土界面行为研究［D］. 北京：清华大学, 2005.

［8］SOUDKI K, ALKHRDAJI T. Guide for the design and construction of externally bonded FRP systems for strengthening concrete structures：ACI440.2R-02［J］. American Concrete Institute, 2002：1-8.

［9］JSCE. Recommendations for upgrading of concrete structures with use of continuous fiber sheets［M］. Kyuichi Maruyama, 2000.

［10］ISIS Canada Corporation. Strengthening reinforcement concrete structures with externally-bonded fiber reinforced polymers［S］. Canada：ISIS Canada Corporation, 2001：10-52.

［11］CLARKE J. Technical Report 55-Design guidance for strengthening concrete structures using fibre composite materials Third Edition［J］. Concrete, 2012 (8)：46.

［12］TRIANTAFILLOU T, MATTHYS S, AUDENAERT K, et al. Externally bonded FRP reinforcement for RC structures［M］. International Federation for Structural Concrete (fib), 2001.

［13］中国工程建设标准化协会. 碳纤维增强复合材料加固混凝土结构技术规程：T/CECS 146—2022［S］. 中国建筑工业出版社, 2022.

［14］中华人民共和国住房和城乡建设部. 纤维片材加固修复结构用粘接树脂：JG/T 166—2016［S］. 北京：中国标准出版社, 2017.

［15］中华人民共和国住房和城乡建设部. 结构加固修复用碳纤维片材：JG/T 167—2016［S］. 北京：中国标准出版社, 2017.

［16］ANSI/AWWA C305-18. Standard for CFRP renewal and strengthening of prestressed concrete cylinder pipe［S］. American Water Works Association：Denver, CO, USA, 2018.

［17］CHEN J F, TENG J G. Anchorage strength models for FRP and steel plates bonded to concrete［J］. Journal of Structural Engineering, ASCE, 2001, 127 (7)：784-791.

[18] CHEN T, YANA Z, HOLT G. FRP or steel plate-to-concrete bonded joints effect of test methods on experimental bond strength [J]. Steel Composites Structures, 2001, 1 (2): 231-244.

[19] 韩强. CFRP-混凝土界面黏结滑移机理研究 [D]. 广州: 华南理工大学, 2010.

[20] CHAJES M J, FINCH W W, JANUSZKA T F, et al. Bond and force transfer of composite material plates bonded to concrete [J]. ACI Structural Journal. 1996. 93 (2). 295-230.

[21] CHAJES M J, JANUSZKA T F, MERTZ D R., et al. Shear strengthening of reinforced concrete beams using externally applied composite fabrics [J]. ACI Structural Journal, 1995, 92 (3). 295-303.

[22] 谭壮. GFRP 布加固混凝土梁受力性能的试验研究 [D]. 北京: 清华大学, 2002.

[23] YAO J, TENG J G, CHEN J F. Experimental study on FRP-to-concrete bonded joints [J]. Composites Part B Engineering, 2004, 36 (2): 99-113.

[24] 赵海东, 张誉, 赵鸣. 碳纤维片材与混凝土基层黏结性能研究 [A]. 第一届中国纤维增强塑料 (FRP) 混凝土结构学术交流会论文集 [C]. 冶金工业部建筑研究总院, 北京, 2000: 247-253.

[25] 任慧涛. 纤维增强复合材料加固混凝土结构基本力学性能和长期受力性能研究 [D]. 大连: 大连理工大学, 2003.

[26] TENG J G, ZHANG J W, SMITH S T. Interfacial stresses in reinforced concrete beams bonded with a soffit plate: a finite element study [J]. Construction and Building Materials, 2002, 16 (1): 1-14.

[27] SHEN H S, TENG J G, YANG J. Interfacial stresses in beams and slabs bonded with thin plat [J]. Journal of Engineering Mechanics, ASCE, 2001, 127 (4): 399-406.

[28] TALJSTEN B. Strengthening of Beams by Plate Bonding [J]. Journal of Materials in Civil Engineering, 1997, 9 (4): 206-212.

[29] WONG R S Y, VECCHIO F J. Towards modeling of reinforced concrete members with externally bonded fiber-reinforced polymer composite [J]. ACI Structural Journal, 2003, 100 (1). 47-55.

[30] WU Z S, YUAN H, NIU H D. Stress transfer and fracture propagation in different kinds of adhesive joints [J]. Journal of Engineering Mechanics, ASCE, 2002, 128 (5): 562-573.

[31] WU Z S, YIN J. Fracture behaviors of FRP-strengthened concrete structures [J]. Engineering Fracture Mechanics, 2003, 70, 1339-1355.

[32] LU X Z, TENG J G, YE L P, et al. Bond-slip models for FRP sheets/plates bonded to concrete [J]. Engineering Structures, 2005, 27 (6): 920-937.

[33] 陆新征, 谭壮, 叶列平, 等. FRP 布-混凝土界面黏结性能的有限元分析 [J]. 工程力学, 2004, 21 (6): 45-50.

[34] MONTI G, RENZELLI M, LUCIANI P. FRP adhesion in uncracked and cracked concrete zones [C] //Fibre-Reinforced Polymer Reinforcement for Concrete Structures-The Sixth International Symposium on FRP Reinforcement for Concrete Structures (FRPRCS-6). 2003.